分布式复合左右手传输线
结构及其应用

耿　林　宗彬锋　周仕霖
胡茂凯　曾会勇　王光明　著

西北工业大学出版社

西　安

【内容简介】 本书分为6章，包括绪论、CRLH 传输线基本理论、分布式 CRLH 传输线结构在谐振天线中的应用、CRLH 传输线与 UC-CRLH 传输线结构在漏波天线中的应用、分布式 CRLH 传输线结构在小型化微带电路中的应用，以及总结和展望等。

本书可供高等学校电磁场与微波技术相关专业高年级本科生及研究生学习使用，也可供相关技术人员阅读参考。

图书在版编目(CIP)数据

分布式复合左右手传输线结构及其应用 / 耿林等著
. — 西安：西北工业大学出版社，2020.12
ISBN 978-7-5612-7482-8

Ⅰ.①分… Ⅱ.①耿… Ⅲ.①传输线理论 Ⅳ.①TN81

中国版本图书馆 CIP 数据核字(2020)第 249801 号

FENBUSHI FUHE ZUOYOUSHOU CHUANSHUXIAN JIEGOU JIQI YINGYONG
分 布 式 复 合 左 右 手 传 输 线 结 构 及 其 应 用

| 责任编辑：孙　倩 | 策划编辑：杨　军 |
| 责任校对：朱辰浩 | 装帧设计：李　飞 |

出版发行：西北工业大学出版社
通信地址：西安市友谊西路 127 号　　　邮编：710072
电　　话：(029)88491757，88493844
网　　址：www.nwpup.com
印 刷 者：陕西向阳印务有限公司
开　　本：710 mm×1 000 mm　　1/16
印　　张：9.125
字　　数：169 千字
版　　次：2020 年 12 月第 1 版　　2020 年 12 月第 1 次印刷
定　　价：58.00 元

如有印装问题请与出版社联系调换

前　　言

左手材料是材料学、固体物理学、电磁学和光学等诸多学科的研究热点。这种材料能够呈现出普通自然界中的材料不能呈现的某些特性。具体来说，这种电磁超介质材料能够呈现出负的一般介电常数和负的磁导率，即所谓的"双负"特性。电磁波在这种"双负"媒介中也是可以传播的，具体表现为后向波，并且具有负折射、倏逝波、逆多普勒效应、逆切仑科夫辐射和亚波长衍射等奇异特性。这些特性都是传统的自然界独立存在的右手材料所不能实现的。

由于传统左手材料是由周期性排列的细金属棒阵列和金属谐振环组成的，这种结构的左手特性仅仅在金属谐振环的谐振频率处才能表现出来，所以它存在频带窄和损耗大等缺点，限制了其在微波电路、天线等方面的应用。针对这一类型左手材料的缺点，一些学者从传输线理论角度重构电路结构，实现左手材料奇异特性的理论和实验，并利用互补性裂缝环构造出了左手传输线及其等效电路和传播特性。由于传输线结构本身具有损耗低及结构上的连续性的特点，所以构造的左手传输线在带宽和损耗方面都远远超过由负介电常数和负磁导率结构复合而成的左手材料。从某种意义上来讲，左手传输线是左手材料的实现形式，因此左手传输线具有左手材料的奇异特性。

因为在构造左手传输线时不可避免地会引入右手效应，所以复合左右手(Composite Right/Left-Handed，CRLH)传输线模型的构造和研究就显得尤为重要。CRLH 传输线结构具有传统导波结构不具备的特有特性，比如在低频阶段，它呈现出左手材料的结构特性，相速度和群速度的传播方向相反，并且具有相位超前的传输特性；而在高频阶段，它又呈现出右手材料结构特性，相速度和群速度的传播方向相同。基于这些独特的性能，CRLH 传输线结构可以实现右手传输线结构不易实现的一些独特的微波/射频元件和系统，比如小型化负阶谐振天线和零阶谐振天线、全平面的扫频漏波天线、小型化阵列天线馈电网络、小型化微波有源和无源电路、新型电磁隐身系统等等。对CRLH 传输线结构进行研究，将能够开发出一系列新型微波器件，开辟新的应用领域，对现有和未来的微波/射频系统都将产生重大的影响。基于集总元件的 CRLH 传输线结构受集总元件自身谐振的限制，不能应用于高频场合，而分布式 CRLH 传输线结构不受工作频段的限制,易于实现、加工和集成,因此,本书主要对分布式 CRLH 传输线结构及其应用展开介绍。

本书分为 6 章。第 1 章介绍本书研究的背景和意义,综述分布式 CRLH 传输线结构及其应用的研究现状及存在的主要问题,分析本书研究内容的必要性和可行性。第 2 章主要从色散特性和阻抗特性方面介绍 CRLH 传输线的基本理论,比较在平衡和非平衡条件下的异同,给出两种构造 CRLH 传输线的方法。第 3 章针对分布式 CRLH 传输线在设计谐振天线时存在的优势,介绍分布式 CRLH 传输线在负阶谐振天线、零阶谐振天线和圆极化天线中的应用。第 4 章针对分布式 CRLH 传输线和非常规复合左右手(Unconventional Composite Right/Left - Handed,UC - CRLH)传输线结构在设计漏波天线时存在的优势,介绍它们在交指耦合类 CRLH 漏波天线和基片波导型 UC - CRLH 漏波天线中的应用。第 5 章针对分布式 CRLH 传输线结构在设计微带电路时存在的优势,介绍分布式 CRLH 传输线结构在串联功分器、分支线耦合器和带通滤波器中的应用。第 6 章对本书内容进行总结,并对分布式 CRLH 传输线结构及其应用的未来发展方向进行展望。

本书内容新颖,技术实用。在编写过程中,参阅了相关文献资料,在此向相关作者表示衷心的感谢。

限于水平和能力,书中难免有不足之处,敬请同行、专家批评指正。

著 者
2020 年 5 月

目 录

第1章 绪论 ··· 1
   1.1 引言 ··· 1
   1.2 CRLH 传输线的发展与现状 ··· 4
   1.3 小结 ·· 18

第2章 CRLH 传输线基本理论 ·· 20
   2.1 CRLH 传输线概述 ·· 20
   2.2 CRLH 传输线的构造 ·· 24
   2.3 小结 ·· 31

第3章 分布式 CRLH 传输线结构在谐振天线中的应用 ········· 32
   3.1 引言 ·· 32
   3.2 SIW 型分形 CRLH 传输线结构及其在 NOR 天线中的应用 ··· 33
   3.3 CPW 型分形 CRLH 传输线结构及其在 ZOR 天线中的应用 ··· 44
   3.4 MR CRLH 结构在圆极化天线中的应用 ······················ 55
   3.5 小结 ·· 65

第4章 CRLH 与 UC-CRLH 传输线结构在漏波天线中的应用 ··· 67
   4.1 引言 ·· 67
   4.2 漏波天线基本理论 ·· 67
   4.3 新型 ICT CRLH 传输线结构及其在漏波天线中的应用 ··· 72
   4.4 SIW 型 UC-CRLH 传输线结构及其在双极化漏波天线中的
       应用 ·· 82
   4.5 小结 ·· 96

第 5 章 分布式 CRLH 传输线结构在小型化微带电路中的应用 …………… 97

5.1 引言 …………………………………………………………… 97

5.2 零相移 MR CRLH 传输线结构及其在串联功分器中的应用
……………………………………………………………………… 97

5.3 基于 DRC 的单平面 CRLH 结构及其在分支线耦合器中的应用 ………………………………………………………… 108

5.4 小结 …………………………………………………………… 118

第 6 章 总结和展望 ……………………………………… 120

6.1 总结 …………………………………………………………… 120

6.2 展望 …………………………………………………………… 121

参考文献 ………………………………………………………… 123

第1章 绪 论

1.1 引 言

最近十几年,左手材料(left-handed material)是材料学、固体物理学、电磁学和光学等诸多领域中的研究热点。这种材料能够呈现出普通自然界中的材料不能呈现的某些特性。具体来说,这种电磁超介质材料能够呈现出负的介电常数和负的磁导率,即所谓的"双负"特性。电磁波在这种"双负"媒质中也是可以传播的,具体表现为后向波[1],并且具有负折射、倏逝波、逆多普勒效应、逆切仑科夫辐射和亚波长衍射等奇异特性。这些特性都是传统的自然界独立存在的右手材料不能实现的。

这种电磁超介质材料的概念首先是由苏联物理学家 V. G. Veselago[2-3]于1967年提出的。但因为在自然界中没有发现左手材料,所以 Veselago 的研究结果在20世纪一直没有得到实验验证,更没有得到深入的研究。1996—1999年间,J. B. Pendry 等人相继构造出了由周期性排列的细金属棒阵列和金属谐振环组成的人造媒质,其等效介电常数和等效磁导率在微波波段分别为负值[4-6]。D. R. Smith 等人根据 J. B. Pendry 的理论模型,将细金属丝板和金属谐振环板有规律地排列在一起,制造了世界上第一块等效介电常数和等效磁导率同时为负值的人造媒质——左手材料[7]。自此开始,左手材料成了一个热门的研究内容,为经典电磁理论开辟了崭新的研究空间,受到了世界各国学者和机构的关注。

由于第一块左手材料是由周期性排列的细金属棒阵列和金属谐振环组成的,这种结构的左手特性仅仅在金属谐振环的谐振频率处才能表现出来,所以它存在频带窄和损耗大等缺点,限制了其在微波电路、天线等方面的应用。针对这一类型左手材料的缺点,一些学者从传输线理论角度重构电路结构,实现了左手材料奇异特性的理论和实验[8-9],并利用互补性裂缝环构造出了左手传输线[10]及其等效电路[11]和传播特性[12]。由于传输线结构本身具有损耗低的特点及结构上的连续性,所以构造的左手传输线在带宽和损耗方面都远远超过由负介电常数和负磁导率结构复合而成的左手材料[13]。从某种意义上来讲,左手传输线是左手材料的实现形式,因此左手传输线具有左手材料的奇异特性。图 1-1(a)(b)分别给出了左手传输线单元和右手传输线单元电路模型,其中,左手传输线单元是右手传输线单元的对偶模型。左手传输线是由一个串联电容和一个并联电感的组合单元级联而成的[见图 1-1(a)],右手传输线则是由一个串联电感和一个并联电容的组合单元级联而成的[见图 1-1(b)]。

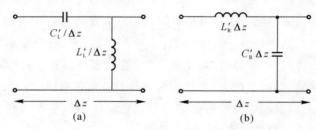

图 1-1 传输线单元电路模型
(a)左手传输线; (b)右手传输线

一般来说,一个传输线的传播常数可以表示为 $\gamma = j\beta = \sqrt{Z'Y'}$,其中 Z' 和 Y' 是传输线的单位长度阻抗和单位长度导纳。左、右手传输线的传播常数分别可以用下面两式表示:

$$\gamma^{PLH} = j\beta^{PLH} = \sqrt{\left(\frac{1}{j\omega L'_L}\right)\left(\frac{1}{j\omega C'_L}\right)} = -j\omega\frac{1}{\sqrt{L'_L C'_L}} \quad (1-1)$$

$$\gamma^{PRH} = j\beta^{PRH} = \sqrt{(j\omega L'_R)(j\omega C'_R)} = j\omega\sqrt{L'_R C'_R} \quad (1-2)$$

通过式(1-1)和式(1-2),传输线的 ω-β 关系图,即所谓的色散曲线可以直接得到。电磁波在传输线中的群速度($v_g = d\omega/d\beta$)和相速度($v_p = \omega/\beta$)可以直接从图上观察得到。图 1-2 给出了左手传输线和右手传输线的色散曲线。从图中可以看到,左手传输线的群速度和相速度是相反的,即 $v_g v_p < 0$,而右手传输线的群速度和相速度是相平行的,即 $v_g v_p > 0$。值得注意的是,在图 1-2(a)的左手传输线模型中,电磁波的群速度是随着频率的升高而逐渐提高的,并趋近于无穷大。这显然有违"群速度不可能大于光速"这一定理,因此图 1-1(a)中的左手传输线在物理上是不可能实现的。在构造左手传输线的时候,将不可避免地引入右手寄生参量。

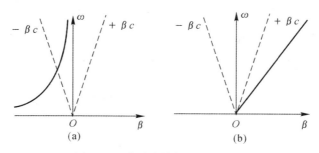

图1-2 传输线结构的色散曲线
(a)左手传输线; (b)右手传输线

因为左手传输线结构是不可能在现实中实现的,所以研究者便提出了它的替代模型。关于左手传输线替代模型的研究,目前主要集中于三个研究小组:美国加州大学洛杉矶分校 T. Itoh 教授带领的研究小组[14-17]、加拿大多伦多大学 G. V. Eleftheriades 教授带领的研究小组[18-22]及西班牙研究小组[10-11,23-25]。虽然这三个研究小组所提出的传输线模型在名称上不一样,但是它们具有相同的色散曲线,为了讨论方便,本书在此将这三个研究小组提出的模型统称为 CRLH 传输线模型。另外,值得注意的是,前两个研究小组提出的 CRLH 传输线模型是在传输线的基础上加载串联电容和并联电感而形成的;西班牙研究小组提出的模型是在加载了金属细线或刻蚀了缝隙的传输线的基础上制备开口环谐振器(Split Ring Resonator,SRR)或逆开口环谐振器(Complementary Split Ring Resonator,CSRR)而形成的。

CRLH 传输线结构具有传统导波结构不具备的特有特性,比如在低频阶段,它呈现出左手材料结构特性,相速度和群速度的传播方向相反,并且具有相位超前的传输特性;而在高频阶段,它又呈现出右手材料结构特性,相速度和群速度的传播方向相同。基于这些独特的性能,CRLH 传输线结构可以实现一些右手传输线结构所不易实现的一些独特的微波/射频元件和系统,比如小型化负阶谐振(Negative-Order Resonant,NOR)天线和零阶谐振(Zeroth-Order Resonant,ZOR)天线、全平面的扫频漏波天线、小型化阵列天线馈电网络、小型化微波有源和无源电路、新型电磁隐身系统等等。对 CRLH 传输线结构进行研究,将能够开发出一系列新型微波器件,开辟新的应用领域,对现有和未来的微波/射频系统都将产生重大的影响。由于基于集总元件的CRLH传输线结构受集总元件自身谐振的限制,不能应用于高频场合。而分布式CRLH传输线结构不受工作频段的限制,易于实现、加工和集成。因此,本书主要对分布式CRLH传输线结构及其应用展开探讨。

1.2 CRLH传输线的发展与现状

自从CRLH传输线的概念在2002年前后被提出之后,它成为了全球的一大研究热点,CRLH传输线理论因此得到了很快的发展,基于CRLH传输线结构的应用也越来越广泛,许多性能独特的微波器件被开发出来。由于美国加州大学洛杉矶分校研究小组、加拿大多伦多大学研究小组和西班牙研究小组在CRLH传输理论及其应用上的研究比较系统和突出,所以本节将主要围绕这三个研究小组的工作进行介绍。

1.2.1 美国加州大学洛杉矶分校研究小组的研究内容

美国加州大学洛杉矶分校研究小组在T. Itoh教授的带领下一直致力于CRLH传输线的研究。早在2002年,该小组就将传输线理论引入左手材料的设计中[26]。在文献[27]中,详细阐述了利用传输线理论设计左手材料的方法,并利用相应的理想电路模型在理论上严密证明了传输线型左手材料的负介电常数和负磁导率特性。同时,利用串联交指缝隙和并联短路枝节实现了左手传输线。但是,由于在构建左手传输线时不可避免地引入了右手寄生参量,所以将构建的这些传输线称为CRLH传输线。基于提出的CRLH传输线结构,该研究小组在小型化谐振天线、漏波扫频天线和小型化微波无源电路等方面取得了巨大的进展。

利用CRLH传输线结构特有的ZOR模式和NOR模式,该小组开发出了各种小型化谐振天线。文献[28]～[30]介绍了一系列基于CRLH传输线ZOR模式的天线,这些天线的工作频率不受天线物理尺寸的影响,只与CRLH传输线结构的并联谐振频率有关,因此具有较小的电尺寸。在文献[31]和[32]中,Dong Y. D.等人提出了基于NOR模式的基片集成波导(SIW)型天线,由于该天线工作在左手频带内,所以具有极小的电尺寸。除此之外,这类天线由于是基于谐振腔上的缝隙进行辐射的,所以具有很高的辐射效率。

美国加州大学洛杉矶分校研究小组提出的 CRLH 传输线结构在天线方面的另外一个非常大的用处就是用来设计漏波天线。这些漏波天线利用了在平衡状态下的 CRLH 传输线结构的相移常数从负到正连续变化的特性,实现了传统右手传输线结构所不易实现的天线主瓣从后向到前向的连续频率扫描,并且能够进行边射。2002 年,该研究小组首次利用 CRLH 传输线结构构建了一维漏波天线,其结构如图 1-3 所示,该天线具有很好的波束随频率扫描特性[33]。在此之后,各种基于 CRLH 传输线结构的一维无源和有源漏波天线相继被提出和开发[34-38]。这里值得一提的是,Dong Y. D. 等人设计的 SIW 型 CRLH 漏波天线,其结构如图 1-4 所示。该类天线工作在 SIW 的主模上,具有高方向性和良好的扫频特性[37-38]。在文献[39]~[41]中,该研究小组又提出了二维 CRLH 漏波天线的概念,这些天线可以实现在两个正交平面内进行波束随频率的连续扫描。

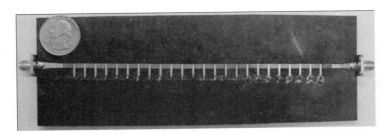

图 1-3 文献[33]中的一维漏波天线

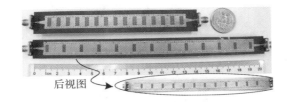

图 1-4 文献[37]和[38]中 SIW 型 CRLH 漏波天线

由于 CRLH 传输线独特的色散关系,美国加州大学洛杉矶研究小组在小型化微波无源电路方面也做了大量的工作和研究。文献[42]利用 CRLH 传输线结构实现了任意耦合度的宽带耦合器,该耦合器能够实现诸如 0 dB,-3 dB 等任意耦合度,并且带宽能够达到 50% 以上。在文献[43]中,T. Horii 等人利用 PCB 制作工艺实现了一种多层 CRLH 传输线结构,并采用该结构制作了工作频率为 1 GHz 和 2 GHz 的尺寸非常紧凑的双工器。H. Okabe 等人根据左手传输线的相位超前特性,用一段 1/4 波长的左手传输线替换混合环电路中 3/4 波长的右手传输线,极大地缩小了混合环电路尺寸。不仅如此,左手传输线的非线性色散关系,使得它的相位随频率的变化较右手传输线小得多,因此新的混合环较传统混合环具有更宽的带宽[44]。文献[45]利用集总元件设计了一个分支线耦合器,其结构如图 1-5 所示。该分支线耦合器不仅较传统分支线耦合器实现了小型化,而且能够在两个频段内工作。电子科技大学的杨涛等人则系统研究了终端短路的 CRLH 负阶谐振器,并利用这些谐振器设计了一系列小型化带通滤波器、巴伦、双工器及三工器等微带电路[46-51]。由于这些微带电路工作在 CRLH 传输线结构的左手频带内,所以都具有极小的电尺寸,图 1-6 给出了这些微带电路的实物模型。由于 CRLH 传输线的色散关系是非线性的,所以可以利用 CRLH 传输线结构设计任意频比的双频段微波器件,这部分工作被系统总结于文献[52]和[53]中。

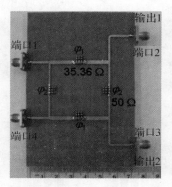

图 1-5 文献[45]中的小型化双频段 CRLH 分支线耦合器

第1章 绪论

图 1-6 文献[46]~[51]中的小型化微带无源电路
(a)带通滤波器； (b)巴伦； (c)双工器； (d)三工器

除了在微波无源器件方面的应用研究外，美国加州大学洛杉矶分校研究小组也开展了CRLH传输线结构在微波有源器件方面的应用研究。在文献[54]中，CRLH传输线结构用来实现双通带的毫米波CMOS振荡器，通过CRLH传输线结构的应用，该振荡器能够减小内部开关的面积，提高谐振器的品质因数。

基于以上研究内容，该小组成功出版了学术专著 *Electromagnetic Metamaterials: Transmission Line Theory And Microwave Application*，该书目前已经成为CRLH传输线研究的重要参照[17]。

1.2.2 加拿大多伦多大学研究小组的研究内容

早在2002年，G. V. Eleftheriades教授带领的研究小组也提出了利用传输线模型构造左手材料的设计方案,该模型由周期性的并联电感和串联电容组成。通过对利用集总元件制备的二维传输线型左手材料进行实验,发现制备的左手材料存在负折射和聚焦现象,从而证明了该结构的左手特性[22,55]。

在天线的应用方面,文献[56]报道了一个 CRLH ZOR 天线,该天线能够实现 H 面的全向辐射,具有较小的电尺寸和较高的增益。文献[57]和[58]利用零相移 CRLH 传输线单元分别设计了小型化环天线和小型化单极子天线。图 1-7 给出了文献[58]所设计的小型化单极子天线实物模型,该天线由四个零相移 CRLH 传输线单元组成,具有尺寸小、易于匹配和辐射效率高等优点。文献[59]设计了一个波束随频率变化偏移小的 CRLH 漏波天线,其结构如图 1-8 所示,通过在共面带状线上刻蚀交指缝隙和加载短路枝节,该天线实现了 18.2% 的相对带宽和 0.031°/MHz 的波束偏移量。

图 1-7 文献[58]中设计的小型化单极子天线

图 1-8 文献[59]中设计的共面带状线型 CRLH 漏波天线

在电路的应用方面,G. V. Eleftheriades 研究小组在共面波导(CPW)结构上加载集总电容和电感,设计了小型化移相线,通过控制加载的电容和电感值,可以控制移相线的相移,与传统 CPW 移相线相比,提出的移相线具有更小的尺寸和更短的群延迟[60]。在文献[61]中，George V. Eleftheriades 等人提出了一种基于 CRLH 传输线结构的 Wilkinson 巴伦，该巴伦的带宽能够达到 70%，并且体积也极小。文献[62]设计了一个应用于信号探测的高性能耦合器，该耦合器具有 -27 dB 的耦合度、-72 dB 的隔离度和 45 dB 的方向性。文献[63]在共面带状线结构上加载集总串联电容和并联电感，设计了一个一分四的串联功分器，其结构如图 1-9 所示。该串联功分器较传统串联功分器尺寸缩减了 46%，除此之外，它还比传统串联功分器具有更宽的带宽。在文献[64]中，M. A. Antoniades 等人设计了一个分布式零相移 CRLH 传输线结构，并利用该结构设计了一个四单元的偶极子线阵。与传统的四单元偶极子线阵相比，该偶极子阵具有尺寸小、带宽宽和波束随频率变化偏移小等优点。

2007 年，该小组将以上研究内容系统归纳于文献[65]和学位论文[66]中，并撰写了题为 *Negative-refraction Metamaterials：Fundamental Principles and Applications* 的学术著作[67]。

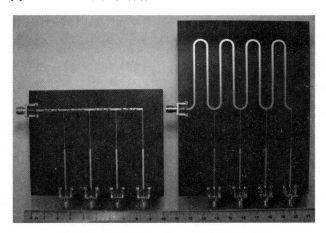

图 1-9　文献[63]中的一分四串联功分器

1.2.3　西班牙研究小组的研究内容

除了前面的两个研究小组外，在 CRLH 传输线领域做出卓越贡献的还有西班牙研究小组。2003 年，该研究小组在 CPW 技术的基础上提出 CRLH 传输线模型，其结构如图 1-10 所示。该模型是将 SRR 对称地制备在介质板背面且正对 CPW 缝隙处，连接 CPW 中心信号线和地板的金属线正对 SRR 的中心区域[23]。由于 SRR 在谐振时能够等效为负的磁导率,连接中心信号线和地板的金属线能够等效为负的介电常数,除此之外,该结构又不可避免地具有右手效应,所以图 1-10 结构被称为 CPW 类谐振式(CPW-based Resonant-type,CPWR)CRLH 传输线结构。2004 年,该研究小组根据巴比涅定理(Babinet principle)提出了 SRR 的对偶结构:CSRR,并证明了该结构的负介电常数特性,为以后微带类谐振式(Microstrip-based Resonant-type,MR)CRLH 传输线结构的研究奠定了基础[10]。基于这一研究基础,该研究小组于 2005 年提出了如图 1-11 所示的 MR CRLH 传输线结构,并给出了其等效电路模型[11]。文献[12]研究了如图 1-11 所示结构的左手和右手特性。文献[68]则研究了这类传输线结构的阻抗特性,相关研究成果对阻抗特性要求严格的场合具有重要的指导意义。随着对 MR CRLH 传输线结构的深入研究,西班牙研究小组认识到了原有等效电路模型存在没有考虑单元间耦合的缺陷,提出了更精确的电路模型,并且分析了 CSRR 几何形状对单元间耦合的影响[69]。

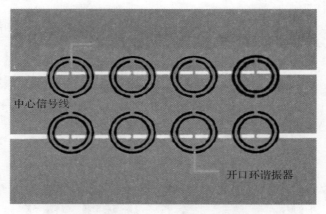

图 1-10 文献[23]中的 CPWR CRLH 传输线

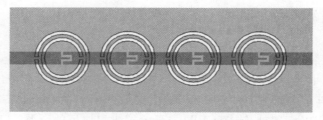

图 1-11 文献[11]中的 MR CRLH 传输线

第1章 绪论

在进行基础研究的同时,西班牙研究小组对谐振式 CRLH 传输线结构的应用也做了深入探索。在文献[70]中,F. Martin 等人提出了一系列 CSRR 谐振器,并利用其设计了滤波器,这些滤波器均具有很小的体积。2007年,该研究小组首先利用 MR CRLH 传输线结构的平衡态设计了宽带带通滤波器,然后在原有结构的基础上引入并联接地枝节,设计了小型化超宽带带通滤波器,对应的宽带和超宽带带通滤波器如图 1-12 所示[71]。文献[72]则利用 MR CRLH 传输线和并联接地枝节的组合结构设计了双带功分器和宽带分支线耦合器。2008年,该研究小组基于 MR CRLH 传输线结构的传输特性设计了双频阻抗变换器,并将其应用到小型化分支线耦合器的设计中,该分支线耦合器如图 1-13 所示[73]。文献[74]报道了两个正交移相器,与传统的正交移相器相比,它们的尺寸分别缩减了 64% 和 77%。文献[75]表明,虽然西班牙研究小组提出的 MR CRLH 传输线结构是基于 CSRR 谐振回路实现的,但是该结构仍然能够获得很宽的传输响应。

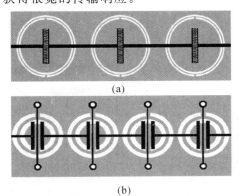

图 1-12 文献[71]中的宽带与超宽带带通滤波器
(a)宽带带通滤波器; (b)超宽带带通滤波器

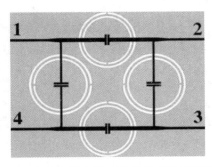

图 1-13 文献[73]中的 CRLH 双频分支线耦合器

基于以上研究内容，西班牙小组完成了学术专著 *Metamaterials with Negative Parameters Theory，Design and Microwave Applications*[76]和学位论文 *Resonant - Type Metamaterial Transmission Lines and Their Application to Microwave Device Design*[77]的撰写。

1.2.4　其他研究小组和学者的研究内容

除了上述三个研究小组外，应用于微波工程的 CRLH 传输线也得到了世界各国其他研究小组和学者的广泛关注。本节将对部分有代表性的研究工作进行梳理和总结。

1. 其他研究小组的研究内容

2009 年，埃及艾因·夏姆斯大学研究小组提出了基于耦合线的 CRLH 传输线单元，并利用该单元设计了小型化分支线耦合器和具有任意耦合度的定向耦合器，该单元及其设计的微波器件如图 1-14 所示[78-79]。此类 CRLH 传输线单元结构简单，没有引入接地过孔，具有很大的应用潜力。

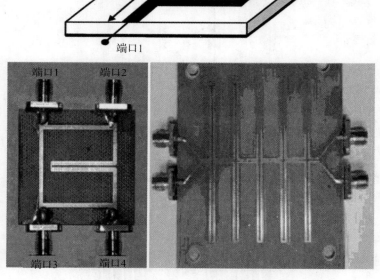

图 1-14　文献[78]和[79]中的基于耦合线的 CRLH 传输线单元及其设计的微波器件

利用CRLH传输线结构在低频段呈现相位超前、在高频段显现相位滞后的传输特点，可以用来设计高性能小型化相移网络，从而很好地应用于阵列天线的馈电，解决现有阵列天线馈电网络电路面积很大的问题。在文献[80]～[87]中，中国科学技术大学研究小组提出一系列CRLH传输线结构来作为阵列天线的馈电网络，这些馈电网络体积很小，带宽很宽，得到的阵列天线性能也因此得到提高。

近年来，东南大学崔铁军教授带领的研究小组也在CRLH传输线理论和结构应用方面做了很多深入具体的工作，相应成果和贡献体现于文献[88]和[90]中。

2. 其他学者的研究内容

除了上面的几个研究小组外，还有许多学者在CRLH传输线方面做了很多具体的工作，现分类概括如下：

(1) 谐振天线方面。文献[91]～[96]设计了小型化CRLH ZOR天线，这些天线均具有良好的方向图特性和较小的电尺寸。其中值得一提的是文献[96]所设计的CPW型CRLH ZOR天线，该天线与其他ZOR天线相比，具有更宽的带宽。2010年，上海交通大学的牛家晓博士利用MR CRLH结构设计了一个小型化双频天线，其实物模型如图1-15所示，该天线的提出开辟了MR CRLH结构在天线方面的应用[97]。文献[98]设计了一个混合模宽带天线，其结构如图1-16所示。由于CSRR的非对称性，该天线产生了TM_{01}谐振模式，加上CRLH结构自身的+1阶谐振模式，该天线获得了6.8%的相对带宽，除此之外，该天线还具有尺寸小、辐射效率高等优点。

图1-15 文献[97]中的小型化CRLH双频天线

图 1-16 文献[98]中的 CRLH 混合模宽带天线(单位:mm)

(2)漏波天线方面。文献[99]~[103]提出或改进了 CRLH 传输线结构,并利用其"快波"区域设计了漏波天线,这些天线不需要复杂的馈电网络,具有良好的扫频特性。

(3)微波电路方面。文献[104]和[105]分别利用 CRLH 传输线单元的 ZOR 和 NOR 模式设计了小型化带通滤波器。文献[106]和[107]利用 CRLH 传输线单元设计了双工器。2012 年,许河秀博士等人首次结合分形和 CRLH 传输线技术设计了分布式零相移传输线结构,并利用该结构设计了一个小型化一分四串联功分器,其实物模型如图 1-17 所示[108]。在文献[109]中,CRLH 传输线结构被用在 MMIC 相移器的设计上,使用 CRLH 传输线结构的相移器具有很好的电路性能。

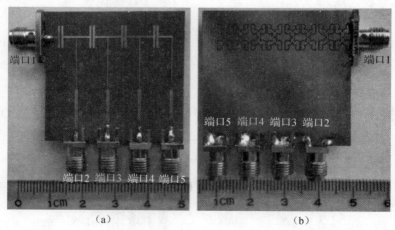

图 1-17 文献[108]中的基于分形和 CRLH 传输线技术的串联功分器

1.2.5　UC-CRLH 传输线的研究现状

从前面的综述内容可知，CRLH 传输线结构由于在低频段具有一个左手通带、在高频段具有一个右手通带而广泛应用于微波工程中。近年来，许多研究人员通过改变 CRLH 传输线的等效电路模型，提出了一系列新型传输线。由于这些传输线是在 CRLH 传输线的基础上提出的，同时具备了 CRLH 传输线的某些特性，所以本书统称它们为 UC-CRLH 传输线，并将它们归纳到 CRLH 传输线的研究范畴中。下面对 UC-CRLH 传输线的研究现状进行综述。

1. 对偶复合左右手传输线

2006 年前后，T. Itoh 小组提出了一种 UC-CRLH 传输线模型——对偶复合左右手(Dual Composite Right/Left-Handed，D-CRLH)传输线模型。理想的 D-CRLH 传输线与 CRLH 传输线不同，它的左手通带在高频段，右手通带在低频段，这一特性使得 D-CRLH 传输线具有巨大的应用潜力[110-111]。由于在 D-CRLH 传输线的实现过程中不可避免地会引入寄生右手效应，所以该研究小组于 2007 年改进了 D-CRLH 传输线的电路模型。改进后的模型在高低频段各具有一个右手通带，在中间频段具有一个左手通带，如图 1-18 所示。基于 D-CRLH 传输线理论，该研究小组采用 metal-insulator-metal 技术实现了一种如图 1-19 所示的 D-CRLH 传输线结构。该结构由三个金属层和两层介质板构成。研究人员利用图 1-19 中结构设计了低波束偏斜、群速可调的漏波天线[112]和三频带器件[113]。2008 年，T. Itoh 小组和中国科学院联合提出了基于砷化镓单片毫米波集成电路技术的 D-CRLH 实现方案，该方案极大地减小了寄生右手效应的影响，并且电路尺寸非常紧凑[114]。

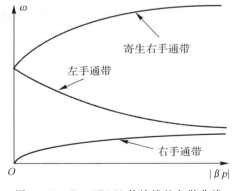

图 1-18　D-CRLH 传输线的色散曲线

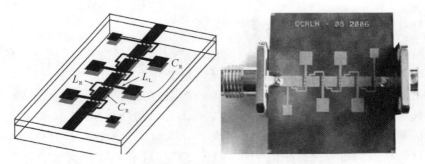

图 1-19　文献[113]提出的 D-CRLH 传输线结构

2008年,韩国国立庆北大学研究小组提出了缺陷地型 D-CRLH 传输线结构[115]。该结构如图 1-20 所示,它由交指缝隙、蚀刻掉的矩形宽缝及带贴片枝节组成,该结构被应用到多带天线的设计中[116]。华南理工大学的刘传运等人设计了单平面 D-CRLH 带阻滤波器和漏波天线,提出的滤波器和漏波天线结构简单、易于加工和实现[117]。

图 1-20　文献[115]中的缺陷地型 D-CRLH 传输线结构

2. 简化复合左右手传输线

近年来,东南大学研究小组也提出了一种 UC-CRLH 传输线模型——简化复合左右手(Simplified Composite Right/Left-Handed,S-CRLH)传输线模型[118-119]。S-CRLH 传输线与 CRLH 传输线相比,其电路模型中删去了串联电容或并联电感,模型更加简单,更易实现。虽然 S-CRLH 传输线结构已不具备左手通带特性,但它仍然有非线性的相位响应特性,同样适用于双频器件的设计。文献[119]利用 S-CRLH 传输线结构设计了超宽带滤波器,文献[120]利用其零相移状态设计了全向微带天线,文献[121][122]通过耦合加载 S-CRLH 谐振器,实现了双频带陷效应。

3. 其他 UC-CRLH 传输线

2006 年,Tatsuo Itoh 小组在 CRLH 和 D-CRLH 传输线结构的基础上,又提出了一种 UC-CRLH 传输线结构——扩展复合左右手(Extended Composite Right/Left-Handed,E-CRLH)传输线结构,该传输线结构具有四通带特性,可以应用到四频带器件的设计中[123]。2007 年,加拿大多伦多大学研究小组也提出了一种 UC-CRLH 传输线结构,并初步分析了其在双带及四带器件中的应用[124]。西班牙研究小组于 2010 年设计了缺陷地型 UC-CRLH 传输线结构,并利用该结构制作了多带微波器件[125]。

2011 年,新加坡南洋理工大学的 Cheng J. 等人通过引入不同的并联谐振或串联谐振,提出了一种 UC-CRLH 传输线结构——Double Periodic Composite Right/Left-Handed(DP-CRLH)传输线结构,并研究了其在漏波天线中的应用[126]。提出的 UC-CRLH 传输线结构具有如图 1-21 所示的色散曲线,设计的漏波天线如图 1-22 所示。从图 1-21 可知,该传输线结构除了具有 CRLH 特性外,在更低的频段内还具有一个新增的右手通带。因此利用其设计的漏波天线除了和 CRLH 漏波天线一样,具有从后向到前向的连续扫频特性外,还在更低的频段内具有前向辐射。

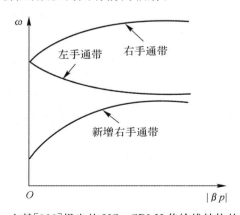

图 1-21 文献[126]提出的 UC-CRLH 传输线结构的色散曲线

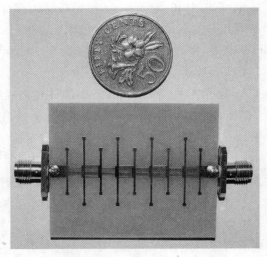

图1-22 文献[126]中的UC-CRLH漏波天线

从以上对UC-CRLH传输线综述的研究现状可知,UC-CRLH传输线因其独特的性能和优势,已经成为CRLH传输线领域的一个研究热点,受到了研究人员的广泛关注。

1.3 小　　结

本章大致概括了CRLH传输线结构在微波工程中的应用现状。由此可以看出,虽然CRLH传输线结构在微波工程中的应用研究很多,但是由于CRLH传输线是一个很新的理论,其在微波工程中的应用历史也只有短短的几年,所以还有很多问题需要解决,很多结构需要完善,很多应用需要拓展。从前面所述研究现状还可以看出,尽管国内的电子科技大学、东南大学、西安电子科技大学、西北工业大学、西安交通大学、中国科学技术大学、国防科学技术大学、浙江大学、哈尔滨工业大学、南京大学、复旦大学、同济大学、上海交通大学和华南理工大学等科研院所也对CRLH传输线开展了理论和应用研究,但总体来说,与国外发达国家还存在一定的差距。总结以上已有的研究成果,可以得出还存在以下几方面有待研究:

(1)已经报道的ZOR天线虽然具有较小的电尺寸,但受自身结构的限制,带宽都很窄[8,28-30,97,127]。因此,研制出具有较宽带宽的小型化ZOR天线是非常有必要的。

(2) NOR 天线由于工作在左手频带内,所以具有比 ZOR 天线还要小的尺寸,目前,关于该类天线的报道还较少。因此设计电尺寸极小的 NOR 天线是一个值得研究的热点。

(3) 自西班牙研究小组提出谐振式 CRLH 传输线结构以来,该类结构在天线方面一直未找到相应的应用,直到 2010 年,牛家晓利用 MR CRLH 结构设计了一个小型化双频天线,才开辟了该类结构在天线方面中的应用[97]。因此,开拓 MR CRLH 结构在天线中的应用具有十分重要的意义。

(4) 2002 年,美国加州大学洛杉矶分校研究小组提出了交指耦合类(Interdigital Coupled-Type,ICT)CRLH 传输线结构,并利用其设计了漏波天线[33]。然而,当交指电容较大时,该类传输线单元存在寄生谐振,严重影响了其在微波工程中的应用。因此,如何消除寄生谐振,设计出高性能的全平面扫频漏波天线是一个值得研究的问题。

(5) UC-CRLH 漏波天线除了具有 CRLH 漏波天线的扫频特性外,还具有自身独特的优势[126],然而,目前关于 UC-CRLH 传输线结构及其漏波天线的报道还较少。因此,研制新型 UC-CRLH 传输线结构,并利用其设计高性能的漏波天线具有非常重要的意义。

(6) 由于报道的 CRLH 小型化串联功分器是由集总元件实现的,存在应用频段受限的问题[63],所以,是否可以利用分布式零相移 CRLH 传输线结构设计串联功分器来解决这一问题?

(7) 目前已有的 CRLH 小型化分支线耦合器存在后向辐射、不易封装、应用频段受限等缺点[45, 73, 128-130]。因此,是否可以设计单平面 CRLH 结构,并将其应用到分支线耦合器中来解决这一问题?

基于以上情况,本书将在第 3~5 章中分别对分布式 CRLH 传输线在谐振天线、漏波天线和微带电路中的应用进行介绍。

第 2 章　CRLH 传输线基本理论

传输线理论又称一维分布参数电路理论,是微波电路设计和计算的理论基础。传输线理论在电路理论与电磁场理论之间起着桥梁作用,在微波网络分析中也相当重要。CRLH 传输线是一个新概念,它和传统传输线既有联系又有区别。CRLH 传输线的非线性色散关系以及其相移常数可在实数域内任意取值,使得它具有一些传统传输线所不具备的特性。

2.1　CRLH 传输线概述

由前面内容可知,左手传输线并不存在,因此很多研究人员提出了 CRLH 传输线的概念。本节将对 CRLH 传输线的相关内容进行概括和总结。

由图 1-1 可知,可以用单位长度上的串联电容和并联电感来等效左手传输线,而右手传输线可以用单位长度上的串联电感和并联电容来等效。与左手或右手传输线不同,单位长度上的 CRLH 传输线可以等效为一个串联谐振回路和一个并联谐振回路的级联,其等效电路模型如图 2-1 所示。图中,串联电容 C_L' 和并联电感 L_L' 代表左手效应,串联电感 L_R' 和并联电容 C_R' 代表右手效应。

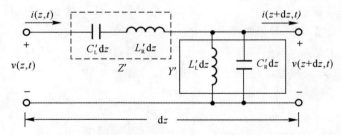

图 2-1　CRLH 传输线线元 dz 的集总参数等效电路

由右手时谐传输线方程[131]可以写出 CRLH 传输线的时谐传输线方程:

$$\frac{dV}{dz} = -Z'I = -j\omega\left(L_R' - \frac{1}{\omega^2 C_L'}\right)I \qquad (2-1)$$

$$\frac{dI}{dz} = -Y'V = -j\omega\left(C'_R - \frac{1}{\omega^2 L'_L}\right)V \qquad (2-2)$$

式中

$$Z' = j\left(\omega L'_R - \frac{1}{\omega C'_L}\right) \qquad (2-3)$$

$$Y' = j\left(\omega C'_R - \frac{1}{\omega L'_L}\right) \qquad (2-4)$$

分别为 CRLH 传输线单位长度的串联阻抗和并联导纳。

传输线的传播常数 γ 定义为

$$\gamma = \alpha + j\beta = \sqrt{Z'Y'} \qquad (2-5)$$

因为只考虑理想情况，所以 $\alpha=0$。推得 CRLH 传输线的色散关系为

$$\beta(\omega) = s(\omega)\sqrt{\omega^2 L'_R C'_R + \frac{1}{\omega^2 L'_L C'_L} - \left(\frac{L'_R}{L'_L} + \frac{C'_R}{C'_L}\right)} \qquad (2-6)$$

其中

$$s(\omega) = \begin{cases} -1, & \omega < \omega_{\Gamma 1} = \min\left(\frac{1}{\sqrt{L'_R C'_L}}, \frac{1}{\sqrt{L'_L C'_R}}\right) \\ +1, & \omega > \omega_{\Gamma 2} = \max\left(\frac{1}{\sqrt{L'_R C'_L}}, \frac{1}{\sqrt{L'_L C'_R}}\right) \end{cases} \qquad (2-7)$$

式(2-6)中的相移常数 β 可以是纯实数或纯虚数，取决于被开方数是正数还是负数。在 β 是纯实数的频率范围，存在通带；相反，在 β 是纯虚数的频率范围，则存在阻带。阻带是 CRLH 传输线的突出特性，对理想的左手传输线或右手传输线来讲是不存在的。

图 2-2 给出了 CRLH 传输线的色散曲线，即 ω-β 图。该传输线的群速 ($v_g = d\omega/d\beta$) 和相速 ($v_p = \omega/\beta$) 可以在色散曲线上找到。与图 1-2 所示的左手传输线或右手传输线的色散曲线不同，CRLH 传输线具有一个左手区域和一个右手区域。在左手区域内，传输线的群速度和相速度是相反的，即 $v_g v_p < 0$，而在右手区域内，传输线的群速度和相速度是相平行的，即 $v_g v_p > 0$。另外，从色散曲线中还可以看出，CRLH 传输线的传播常数和频率是非线性的关系，而传统的右手媒质的传播常数和频率一般是

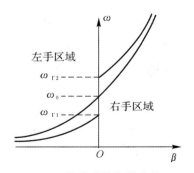

图 2-2 CRLH 传输线的色散曲线

线性关系。

一般情况下,CRLH传输线的串联和并联谐振是不同的,则称之为非平衡情形。但当串联谐振与并联谐振相等时,即

$$L_R' C_L' = L_L' C_R' \tag{2-8}$$

在给定的频率上,左手部分的影响和右手部分的影响严格平衡,则称之为平衡情形,式(2-8)称为平衡条件。平衡条件下,CRLH传输线线元 dz 的集总参数等效电路可以简化为图 2-3 所示的简单电路,称之为 CRLH 传输线的解耦,这样,CRLH 传输线中的左手部分和右手部分就可以单独分析和设计。平衡条件下,CRLH 传输线的相移常数可以写成:

$$\beta = \beta_R + \beta_L = \omega \sqrt{L_R' C_R'} - \frac{1}{\omega \sqrt{L_L' C_L'}} \tag{2-9}$$

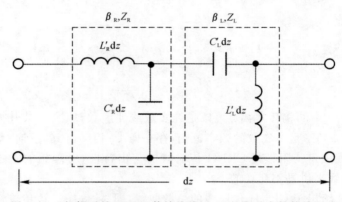

图 2-3 解耦后的 CRLH 传输线线元 dz 的集总参数等效电路

式(2-9)中,CRLH 传输线的相移常数分成右手传输线相移常数 β_R 和左手传输线相移常数 β_L。图 2-4 是平衡条件下 CRLH 传输线的色散曲线,左手区域和右手区域的过渡出现在

$$\omega_0 = \frac{1}{\sqrt[4]{L_R' C_R' L_L' C_L'}} = \frac{1}{\sqrt{L_R' C_L'}} \tag{2-10}$$

式中,ω_0 称为过渡频率,对于平衡情形,CRLH 传输线的左手区域到右手区域存在无缝过渡,其色散曲线没有阻带。虽然在 ω_0 处相移常数 β 为零,相当于有无限的导波波长($\lambda_g = 2\pi/|\beta|$),但群速 v_g 为非零量,能量的传播依然存在。此外,长度为 d 的 CRLH 传输线在 ω_0 处的相移是零($\varphi = -\beta d = 0$);在左手频

率范围($\omega < \omega_0$)内相位超前($\varphi > 0$);在右手频率范围($\omega > \omega_0$)内相位滞后($\varphi < 0$)。

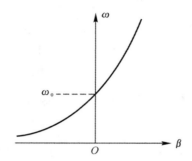

图 2-4　平衡条件下 CRLH 传输线的色散曲线

CRLH 传输线的特性阻抗定义如下：

$$Z_0 = \sqrt{Z'/Y'} = Z_L \sqrt{\frac{L_R'C_L'\omega^2 - 1}{L_L'C_R'\omega^2 - 1}} \xrightarrow{\text{平衡状态下}} Z_0 = Z_L = Z_R \quad (2-11)$$

$$Z_L = \sqrt{L_L'/C_L'} \quad (2-12)$$

$$Z_R = \sqrt{L_R'/C_R'} \quad (2-13)$$

式中,Z_L 和 Z_R 分别是左手传输线和右手传输线的阻抗。式(2-11)指出,平衡条件下 CRLH 传输线的特性阻抗与频率无关,因此可以在宽频带内匹配。

CRLH 传输线的特征参数可以和材料的基本电磁参数相关。如 CRLH 传输线的传播常数 $\gamma = j\beta = \sqrt{Z'Y'}$,而材料的传播常数 $\beta = \omega\sqrt{\mu\varepsilon}$,则有

$$-\omega^2\mu\varepsilon = Z'Y' \quad (2-14)$$

式(2-14)使材料的介电常数和磁导率与 CRLH 传输线等效模型的阻抗和导纳发生关系,即

$$\mu = \frac{Z'}{j\omega} = L_R' - \frac{1}{\omega^2 C_L'} \quad (2-15)$$

$$\varepsilon = \frac{Y'}{j\omega} = C_R' - \frac{1}{\omega^2 L_L'} \quad (2-16)$$

类似地,CRLH 传输线的特性阻抗($Z_0 = \sqrt{Z'/Y'}$)可以和材料的固有阻抗($\eta = \sqrt{\mu/\varepsilon}$)发生关系：

$$Z_0 = \eta \quad \text{或} \quad Z'/Y' = \mu/\varepsilon \quad (2-17)$$

2.2 CRLH 传输线的构造

均匀的 CRLH 传输线结构在自然界并不存在,但在一定频率范围内,若导波波长比结构的不连续大得多,可以认为传输线确实是均匀的。目前,主要有两种构造 CRLH 传输线结构的方法,本节对这两类方法总结如下。

2.2.1 基于直观 L-C 单元的 CRLH 传输线

基于直观 L-C 单元的 CRLH 传输线是通过周期性级联电尺寸不大于 $\pi/2$ 的直观 L-C 单元来实现的。图 2-5 给出了该类传输线的构造过程。在图 2-5(a)中,串联电容 C_L 和并联电感 L_L 用来表征左手效应,串联电感 L_R 和并联电容 C_R 用来表征右手效应,由前面内容可知,当该单元的电尺寸 ϕ 不大于 $\pi/2$ 时,图 2-5(b) 所示的传输线可以认为是均匀的。

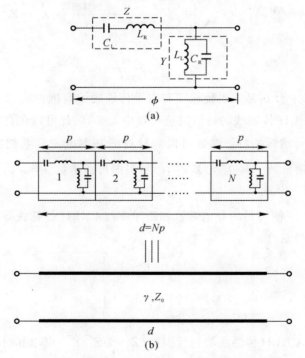

图 2-5 基于直观 L-C 单元的 CRLH 传输线

因此,运用 Bloch-Floquet 理论,该传输线的色散关系为

$$\beta(\omega) = (1/p) \arccos(1 + ZY/2) \qquad (2-18)$$

此时,可对式(2-18)应用泰勒展开式:

$$\cos(\beta p) \simeq 1 - \frac{(\beta p)^2}{2} \qquad (2-19)$$

将式(2-18)化简为

$$1 - \frac{(\beta p)^2}{2} = 1 + \frac{ZY}{2} \qquad (2-20)$$

由于单元的串联阻抗 Z 和并联导纳 Y 分别为

$$Z(\omega) = j\left(\omega L_R - \frac{1}{\omega C_L}\right) \qquad (2-21)$$

$$Y(\omega) = j\left(\omega C_R - \frac{1}{\omega L_L}\right) \qquad (2-22)$$

于是,式(2-20)变成

$$\beta(\omega) = \frac{s(\omega)}{p}\sqrt{\omega^2 L_R C_R + \frac{1}{\omega^2 L_L C_L} - \left(\frac{L_R}{L_L} + \frac{C_R}{C_L}\right)} \qquad (2-23)$$

其中

$$s(\omega) = \begin{cases} -1, & \omega < \min\left(\frac{1}{\sqrt{L_R C_L}}, \frac{1}{\sqrt{L_L C_R}}\right) \\ +1, & \omega > \max\left(\frac{1}{\sqrt{L_R C_L}}, \frac{1}{\sqrt{L_L C_R}}\right) \end{cases}$$

它与均匀色散关系式(2-6)一样,只是 $L'_R = L_R/p$, $C'_R = C_R/p$, $L'_L = L_L p$, $C'_L = C_L p$。这一结果表明:以电尺寸不大于 $\pi/2$ 的直观 L-C 单元构造的 CRLH 传输线等效于均匀 CRLH 传输线。

图 2-6 给出了基于直观 L-C 单元的 CRLH 传输线的色散曲线。该色散曲线可以用四个频点进行分割,这些用于分割的频点分别位于左手曲线或右手曲线的起点或终点,即 $\beta p = \pm \pi$, $\beta p = 0$ 处。在两个 $\beta p = 0$ 的点中,一点是 ω_{se},它是电路中串联元件的谐振频率,由式(2-24)决定;另一点是 ω_{sh},它是电路中并联元件的谐振频率,由式(2-25)决定。

$$\omega_{se} = \omega(\beta = 0) = \frac{1}{\sqrt{L_R C_L}} \qquad (2-24)$$

$$\omega_{sh} = \omega(\beta = 0) = \frac{1}{\sqrt{L_L C_R}} \qquad (2-25)$$

四点中的另外两点是 $\omega_{LH,cutoff}$ 和 $\omega_{RH,cutoff}$。$\omega_{LH,cutoff}$ 是左手曲线的低端截止

频率，$\omega_{\text{RH,cutoff}}$ 是右手曲线的高端截止频率。在通常情况下，ω_{sh} 和 ω_{se} 之间有一段电磁波的截止区域，这个截止区域取决于左手特性阻抗 Z_L 和右手特性阻抗 Z_R 的大小。左手特性阻抗和右手特性阻抗分别如下式所示：

$$Z_L = \sqrt{\frac{L_L}{C_L}} \qquad (2-26)$$

$$Z_R = \sqrt{\frac{L_R}{C_R}} \qquad (2-27)$$

当 $Z_L < Z_R$ 时，$\omega_{\text{se}} < \omega_{\text{sh}}$；当 $Z_L > Z_R$ 时，$\omega_{\text{se}} > \omega_{\text{sh}}$；当 $Z_L = Z_R$ 时，传输线工作于平衡状态，此时 $\omega_{\text{se}} = \omega_{\text{sh}}$，$\beta(\omega) = [\omega\sqrt{L_R C_R} - (1/\omega\sqrt{L_L C_L})]/p$。

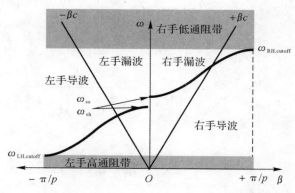

图 2-6　基于直观 $L\text{-}C$ 单元的 CRLH 传输线的色散曲线

从图 2-6 中还可以看出，与均匀 CRLH 传输线的全通带特性不同，基于直观 $L\text{-}C$ 单元的 CRLH 传输线具有左手高通阻带和右手低通阻带。另外，可以根据相速度与光速的关系将构造的传输线分为四个工作频带：左手导波（LH Guided）频带、左手漏波（LH Leaky）频带、右手漏波频带（RH Leaky）和右手导波（RH Guided）频带。在导波频带内，电磁波沿传输线的相速度小于光速（$\omega < |\beta c|$），此时，传输线工作于"慢波"状态；在漏波频带内，电磁波沿传输线的相速度大于光速（$\omega > |\beta c|$），此时，传输线工作于"快波"状态。

对于图 2-5(a) 所示的直观 $L\text{-}C$ 单元，一般有三种实现方式，图 2-7 给出了实现直观 $L\text{-}C$ 单元的三种主要结构[17]。其中图 2-7(a) 所示是使用集总电容、集总电感和传统右手传输线搭建的一种结构，在这种结构中，集总元件用来表征左手串联电容和并联电感，右手传输线用来表征串联电感和并联电容，该结构构造简单，但是使用频段有限，不能应用在高频段。图 2-7(b) 所示为利用交指耦合结构实现的直观 $L\text{-}C$ 单元，其中，交指缝隙和短路枝节分别用来代表串联电容 C_L 和并联电感 L_L,右手传输线用来代表串联电感 L_R 和并联电容 C_R,这种结构在平面电路中很实用。图 2-7(c) 所示是一种蘑菇云状结构,它是由一块大的金属以及中间接地的金属通孔构成的,大块金属与金属之间通过窄缝相连,在这个结构中,金属与金属之间的窄缝形成左手串联电容,金属通孔形成左手并联电感,大块金属对地电容构成右手并联电容,其表面寄生电流构成右手串联电感。这种结构能方便地构造二维 CRLH 传输线。

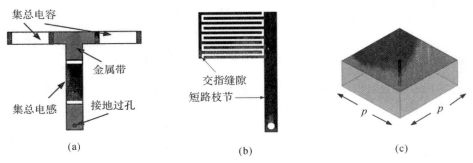

图 2-7 三种构造 CRLH 传输线的直观 L-C 单元
(a) 集总元件法; (b) 交指缝隙和短路枝节法; (c) 蘑菇云法

2.2.2 谐振式 CRLH 传输线结构

由综述部分相关内容可知,除了用直观 L-C 单元构造 CRLH 传输线外,西班牙研究小组于 2003 年和 2004 年分别提出了 CPWR CRLH 传输线结构和 MR CRLH 传输线结构[23,11]。本节将对这两类谐振式 CRLH 传输线结构的相关理论进行概括和总结[128]。

1. CPWR CRLH 传输线结构

CPWR CRLH 传输线结构如图 2-8(a) 所示,在图 2-8(a) 中,SRR 对称地制备在介质板背面且正对 CPW 缝隙处,连接 CPW 中心信号线和地板的金属线正对 SRR 的中心区域。图 2-8(b) 给出了该结构的等效电路。其中,L_C 和 C_C 是 SRR 通过磁耦合产生的谐振电感和谐振电容,L 代表与 SRR 发生作用的 CPW 线电感,C 代表线电容,L_P 代表接地金属线的线电感。由于在谐振频率附近,串联支路由感性阻抗转变为容性阻抗,产生负磁导率效应;在小于 $1/2\pi\sqrt{L_P C}$ 的频率范围内,并联支路呈现感性阻抗,产生负介电常数效应;除此之外,该结构又不可避免地具有右手效应,所以图 2-8(a) 所示结构为

CRLH 传输线结构。

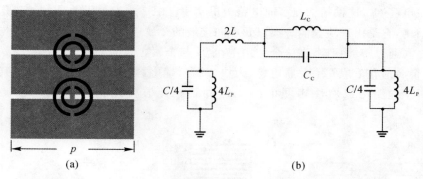

图 2-8 CPWR CRLH 传输线结构

由等效电路出发,图 2-8(a) 所示结构的串联导纳 Y_S 和并联导纳 Y_P 分别为

$$Y_S = \frac{1 - \omega^2 L_C C_C}{j\omega L_C + j2\omega L - j2\omega^3 L L_C C_C} \quad (2-28)$$

$$Y_P = \frac{1 - \omega^2 L_P C}{j4\omega L_P} \quad (2-29)$$

由于该结构的尺寸相对于研究频段的波长很小,且可视为周期网络的一个单元结构,所以可以通过 Bloch-Floquet 理论对其进行分析。该结构的 $\cos(\beta p)$ 和特性阻抗分别为

$$\cos(\beta p) = 1 + \frac{Y_P}{Y_S} \quad (2-30)$$

$$Z_0 = \frac{1}{\sqrt{Y_P(Y_P + 2Y_S)}} \quad (2-31)$$

将式(2-28)和式(2-29)代入得

$$\cos(\beta p) = 1 + \frac{1 - \omega^2 L_P C}{4 L_P} \frac{L_C + 2L(1 - \omega^2 L_C C_C)}{1 - \omega^2 L_C C_C} \quad (2-32)$$

$$Z_0 = \frac{1}{\sqrt{\frac{\omega^2 L_P C - 1}{\omega^2 4 L_P} \left[\frac{1 - \omega^2 L_P C}{4 L_P} + \frac{2(1 - \omega^2 L_C C_C)}{2L(1 - \omega^2 L_C C_C) + L_C} \right]}} \quad (2-33)$$

当相移常数 β 和特性阻抗 Z_0 均为实数时,电磁波才可以传播。因此可以得到左手通带下限频率 f_{LH}^L、右手通带上限频率 f_{RH}^H、左手通带上限频率 f_{LH}^H 和右手通带下限频率 f_{RH}^L 分别为

$$f_{\text{LH}}^{\text{L}} = \frac{1}{2\pi}\sqrt{\frac{2LL_{\text{P}}C + 2LL_{\text{C}}C_{\text{C}} + 8L_{\text{C}}C_{\text{C}}L_{\text{P}} + L_{\text{P}}L_{\text{C}}C_{\text{C}} - \sqrt{\begin{array}{c}4L^2L_{\text{P}}^2C^2 - 8L^2L_{\text{P}}CL_{\text{C}}C_{\text{C}} + 4L^2L_{\text{C}}^2C_{\text{C}}^2 \\ - 32LL_{\text{P}}^2CL_{\text{C}}C_{\text{C}} + 4LL_{\text{P}}^2C^2L_{\text{C}} + 32LL_{\text{C}}^2C_{\text{C}}^2L_{\text{P}} \\ - 4LL_{\text{P}}L_{\text{C}}^2CC_{\text{C}} + 64L_{\text{C}}^2C_{\text{C}}^2L_{\text{P}}^2 + 16L_{\text{C}}^2L_{\text{P}}^2CC_{\text{C}} + L_{\text{P}}^2C^2L_{\text{C}}^2\end{array}}}{4LL_{\text{P}}CL_{\text{C}}C_{\text{C}}}}$$

(2-34)

$$f_{\text{RH}}^{\text{H}} = \frac{1}{2\pi}\sqrt{\frac{2LL_{\text{P}}C + 2LL_{\text{C}}C_{\text{C}} + 8L_{\text{C}}C_{\text{C}}L_{\text{P}} + L_{\text{P}}L_{\text{C}}C_{\text{C}} - \sqrt{\begin{array}{c}4L^2L_{\text{P}}^2C^2 - 8L^2L_{\text{P}}CL_{\text{C}}C_{\text{C}} + 4L^2L_{\text{C}}^2C_{\text{C}}^2 \\ - 32LL_{\text{P}}^2CL_{\text{C}}C_{\text{C}} + 4LL_{\text{P}}^2C^2L_{\text{C}} + 32LL_{\text{C}}^2C_{\text{C}}^2L_{\text{P}} \\ - 4LL_{\text{P}}L_{\text{C}}^2CC_{\text{C}} + 64L_{\text{C}}^2C_{\text{C}}^2L_{\text{P}}^2 + 16L_{\text{C}}^2L_{\text{P}}^2CC_{\text{C}} + L_{\text{P}}^2C^2L_{\text{C}}^2\end{array}}}{4LL_{\text{P}}CL_{\text{C}}C_{\text{C}}}}$$

(2-35)

$$f_{\text{LH}}^{\text{H}} = \frac{1}{2\pi}\sqrt{\frac{2L + L_{\text{C}}}{2LL_{\text{C}}C_{\text{C}}}} \quad (2-36)$$

$$f_{\text{RH}}^{\text{L}} = \frac{1}{2\pi}\sqrt{\frac{1}{L_{\text{P}}C}} \quad (2-37)$$

在 f_{LH}^{L} 处,传输线结构的 $\beta p = -\pi$。在 f_{LH}^{H} 和 f_{RH}^{L} 处,传输线结构的 $\beta p = 0$。在 f_{RH}^{H} 处,传输线结构的 $\beta p = \pi$。在 f_{LH}^{L} 与 f_{LH}^{H} 之间的频带,特性阻抗 Z_0 为实数,传输线结构的相速度与群速度方向相反,此为左手通带。通常情况下,$f_{\text{LH}}^{\text{H}} \neq f_{\text{RH}}^{\text{L}}$,此时传输线结构工作在非平衡状态,在 f_{LH}^{H} 与 f_{RH}^{L} 之间将产生阻带。当 $f > f_{\text{RH}}^{\text{L}}$ 时,传输线结构出现另一个通带,在该通带内,相速度与群速度方向相同,此为右手通带。降低右手通带的下限频率 f_{RH}^{L} 可以降低右手通带,当 $f_{\text{RH}}^{\text{L}} = f_{\text{LH}}^{\text{H}} = f_0$ 时,右手通带与左手通带重合,CRLH 传输线结构工作在平衡状态。此时在过渡频率 f_0 处的特性阻抗 $Z_0(f_0)$ 为

$$Z_0(f_0) = \sqrt{\frac{1 - \omega^2 L_{\text{C}} C_{\text{C}}}{4\omega^2 L_{\text{P}} L}} \quad (2-38)$$

2. MR CRLH 传输线结构

MR CRLH 传输线结构如图 2-9(a)所示,在图 2-9(a)中,CSRR 刻蚀在介质板背面的接地面上,微带信号线上的缝隙正对 CSRR 的中心区域。图 2-9(b)给出了该结构的等效电路。其中,L_{C} 和 C_{C} 是 CSRR 通过电耦合产生的谐振电感和谐振电容,L 表示与 CSRR 发生作用的微带线的线电感,C_{g} 表示微带线缝隙的电容效应,由于 CSRR 的作用,C_{g} 的值将不同于简单的缝隙电容

计算公式所计算出的值。C 除了包含线电容外，还包括微带线缝隙与 CSRR 的边缘电容效应。从等效电路上可以看出，在 $1/\sqrt{L_C(C+C_C)}$ 与 $1/\sqrt{L_C C_C}$ 之间的频率范围内，并联支路呈现感性阻抗，产生负介电常数效应；在小于 $1/\sqrt{LC_g}$ 的频率范围内，串联支路呈现容性阻抗，产生负磁导率效应；除此之外，该结构又不可避免地具有右手效应，因此图 2-9(a)所示的结构为 CRLH 传输线结构。

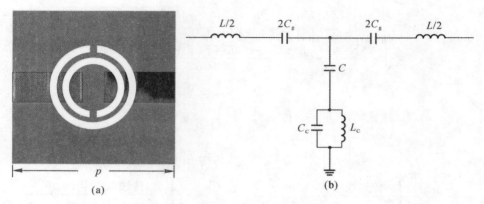

图 2-9 MR CRLH 传输线结构

由等效电路出发，图 2-9(a)所示结构的串联阻抗 Z_S 和并联阻抗 Z_P 分别为

$$Z_S = \frac{1-\omega^2 LC_g}{j\omega C_g} \tag{2-39}$$

$$Z_P = \frac{j\omega L_C}{1-\omega^2 L_C C_C} + \frac{1}{j\omega C} \tag{2-40}$$

由于该结构的尺寸相对于研究频段的波长很小，且可视为周期网络的一个单元结构，所以可以通过 Bloch-Floquet 理论对其进行分析。该结构的 $\cos(\beta p)$ 和特性阻抗分别为

$$\cos(\beta p) = 1 + \frac{Z_S}{Z_P} \tag{2-41}$$

$$Z_0 = \sqrt{Z_S(Z_S+2Z_P)} \tag{2-42}$$

将式(2-39)和式(2-40)代入得

$$\cos(\beta p) = 1 + \frac{C(1-\omega^2 LC_g)(1-\omega^2 L_C C_C)}{2C_g[1-\omega^2 L_C(C_C+C)]} \tag{2-43}$$

$$Z_0 = \sqrt{\frac{C(1-\omega^2 LC_g)^2(1-\omega^2 L_C C_C) + 4C_g[1-\omega^2 L_C(C_C+C)](1-\omega^2 LC_g)}{-4\omega^2 CC_g^2(1-\omega^2 L_C C_C)}}$$

(2-44)

当相移常数 β 和特性阻抗 Z_0 均为实数时，电磁波才可以传播。当串联支路谐振，即式(2-39)等于零时，求得该传输线结构右手通带的下限频率 f_{RH}^L 为

$$f_{RH}^L = \frac{1}{2\pi\sqrt{LC_g}}$$

(2-45)

当并联支路谐振，即式(2-40)等于零时，求得该传输线结构左手通带下边带的带外传输零点 f_T 为

$$f_T = \frac{1}{2\pi\sqrt{L_C(C_C+C)}}$$

(2-46)

当 CSRR 谐振，并联支路阻抗无穷大，即式(2-40)趋于无穷大时，求得该传输线结构左手通带的上限频率 f_{LH}^H 为

$$f_{LH}^H = \frac{1}{2\pi\sqrt{L_C C_C}}$$

(2-47)

在 f_{LH}^H 和 f_{RH}^L 处，传输线结构的 $\beta p=0$。在小于 f_{LH}^H 的通带内，特性阻抗 Z_0 为实数，传输线结构的相速度与群速度方向相反，此为左手通带。通常情况下，$f_{LH}^H \neq f_{RH}^L$，此时传输线结构工作在非平衡状态，在 f_{LH}^H 与 f_{RH}^L 之间将产生阻带。当 $f > f_{RH}^L$ 时，传输线结构出现另一个通带，在该通带内，相速度与群速度方向相同，此为右手通带。降低右手通带的下限频率 f_{RH}^L 可以降低右手通带，当 $f_{RH}^L = f_{LH}^H = f_0$ 时，右手通带与左手通带重合，CRLH 传输线结构工作在平衡状态。此时在过渡频率 f_0 处的特性阻抗 $Z_0(f_0)$ 为

$$Z_0(f_0) = \sqrt{\frac{L_C}{C_g}}$$

(2-48)

2.3 小　　结

本章主要从色散特性和阻抗特性方面归纳了 CRLH 传输线的基本理论，比较了在平衡和非平衡条件下的异同，介绍了两种构造 CRLH 传输线的方法，为后续章节的研究提供理论基础。

第3章 分布式 CRLH 传输线结构在谐振天线中的应用

3.1 引　言

CRLH 传输线自 2002 年提出以来,基于 CRLH 传输线结构的谐振天线就一直是人们研究的重点。由于 CRLH 传输线结构的 ZOR 模式只与结构的串联谐振或并联谐振有关,而与结构的尺寸无关,所以研究人员利用其设计了比普通半波长天线尺寸小很多的 ZOR 天线[8,28-30,56,91-96]。除了 ZOR 模式外,CRLH 传输线结构的 NOR 模式也能够用于谐振天线的小型化设计,由于这些 NOR 天线工作在左手频带内,所以具有比 ZOR 天线还要小的尺寸[31-32,132]。近年来,牛家晓等人则研究了 MR CRLH 结构在双频天线中的应用,由于该类天线尺寸小、频比可调,所以受到了越来越多双频通信系统设计者的青睐[97-98,127,133]。

基于以上背景,本章首先介绍了由 Ⅱ 型 CRLH 传输线单元构成的负阶谐振器的频率计算公式,在此基础上提出并研究了一种 SIW 型分形 CRLH 传输线结构,利用其设计了两类 NOR 天线,设计的天线与传统贴片天线相比,具有类似的增益,但它们的电尺寸却只有 $0.18\lambda_0 \times 0.14\lambda_0$ 和 $0.17\lambda_0 \times 0.12\lambda_0$;其次针对报道的 ZOR 天线存在频带窄的缺点,介绍了终端开路边界条件下的 CRLH 零阶谐振器的频率和带宽计算公式,在此基础上提出并研究了一种 CPW 型分形 CRLH 传输线结构,利用其设计了两个 ZOR 天线,设计的天线能够实现全向辐射,电尺寸只有 $0.156\lambda_0 \times 0.111\lambda_0$ 和 $0.109\lambda_0 \times 0.087\lambda_0$,但带宽却分别达到了 2.13% 和 0.83%;最后对 MR CRLH 结构构成的贴片天线的谐振模式进行了介绍,分析了寄生模式产生的原因,在此基础上提出了利用 +1 阶模式和寄生模式设计圆极化天线的思想,设计的天线不需要额外的移相网络,电尺寸只有 $0.389\lambda_g \times 0.389\lambda_g$,轴比带宽却达到了 2.45%。

3.2 SIW 型分形 CRLH 传输线结构及其在 NOR 天线中的应用

3.2.1 基于 CRLH 传输线的 NOR 模式

谐振器作为一种具有储能和频率选择性作用的微波元件，广泛应用于微波工程中。基于 CRLH 传输线的谐振器，具有右手谐振器所不具有的 NOR 模式，非常适合设计小型化 NOR 天线。本节将对基于 CRLH 传输线的 NOR 模式进行介绍和总结[17, 31, 46]。

众所周知，当传统右手谐振器的物理长度 d 等于半波长整数倍时，该谐振器会发生谐振。因此，传统右手谐振器的谐振条件可以表示为

$$d = m\frac{\lambda_g}{2} \quad 或 \quad \theta_m = \beta_m d = \left(\frac{2\pi}{\lambda_g}\right)\left(\frac{m\lambda_g}{2}\right) = m\pi \quad (3-1)$$

式中，$m = 1, 2, 3, 4, \cdots$。

以采样速率 π/d 对右手传输线的色散曲线 $\omega = \omega(\beta)$ 在 β 轴上进行采样，便可得到该谐振器的谐振频率，如图 3-1 所示。由于右手传输线的频带为无限宽，所以从理论上说，该谐振器存在无数多个谐振模式，其谐振频率可以从 0 一直到无穷大。因为传统右手谐振器的电长度只能为正，所以它的谐振阶数也只能为非零的正数。

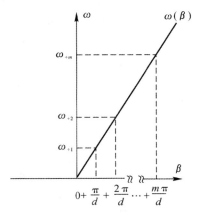

图 3-1 右手传输线的色散曲线及其对应谐振器的谐振频率

与此相对，以采样速率 π/d 对理想 CRLH 传输线的色散曲线 $\omega = \omega(\beta)$ 在

β 轴上进行采样,便可得到理想 CRLH 谐振器的谐振频率,如图 3-2 所示。与右手传输线不同的是,在 CRLH 传输线的色散曲线中,β 可以为 0、负数以及正数,因此其电长度 $\theta=\beta d$ 可以是 0、负数和正数,即相应的谐振阶数 m 也可以为 0、负数和正数。当谐振阶数 m 为负数时,产生了所谓的负阶谐振器。

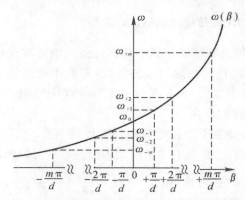

图 3-2 理想 CRLH 传输线的色散曲线及其对应谐振器的谐振频率

众所周知,理想 CRLH 传输线在自然界是不存在的,一般都是通过级联电尺寸不大于 $\pi/2$ 的 L-C 单元来构造 CRLH 传输线。理想 CRLH 传输线与构造 CRLH 传输线的本质区别是,前者的带宽为无限大,而后者的带宽有限。因此基于构造 CRLH 传输线的谐振器的谐振阶数并不是无限大,而是某个固定的值。式(3-2)和式(3-3)分别给出了终端开路和终端短路边界条件下的构造 CRLH 谐振器的谐振条件,其对应的谐振频率分别示于图 3-3(a)和 3-3(b)中。

$$\theta_m = \beta_m N p = m\pi \quad 或 \quad \beta_m p = \frac{m\pi}{N} \quad (3-2)$$

式中,$m=0,\pm 1,\cdots,\pm N$。

$$\theta_m = \beta_m d = \beta_m N p = (2m-1)\times \frac{\pi}{2} \quad 或 \quad \beta_m p = \frac{(2m-1)\pi}{2N} \quad (3-3)$$

式中,$m=\pm 1,\cdots,\pm N$。

由此可以看出,对于由 Π 型单元构造的 CRLH 谐振器来说,它具有 N 个 NOR 模式。

3.2.2 基于 Π 型 CRLH 传输线单元的 NOR 模式

比起由 N 个单元级联构成的 CRLH 传输线,CRLH 传输线单元具有尺寸小、不需要烦琐级联等优点，常常用于谐振器的设计[31-32,46,49,105,134]，本节将对由 Π 型 CRLH 传输线单元构成的谐振器的 NOR 频率进行介绍，为后续章节内容打下理论基础和技术支撑。

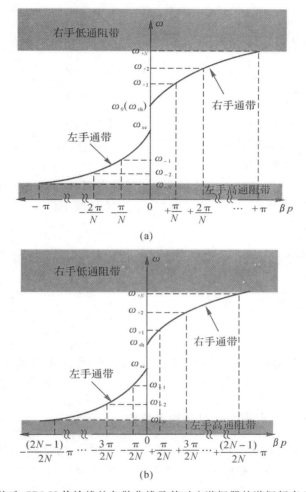

图 3-3　构造 CRLH 传输线的色散曲线及其对应谐振器的谐振频率（Π 型单元）
(a)终端开路；　(b)终端短路

由第 2 章理论可知，CRLH 传输线的色散关系由下式决定：

$$\cos(\beta p) = 1 + \frac{ZY}{2} \qquad (3-4)$$

其中

$$Z(\omega) = j\left(\omega L_R - \frac{1}{\omega C_L}\right) \quad (3-5)$$

$$Y(\omega) = j\left(\omega C_R - \frac{1}{\omega L_L}\right) \quad (3-6)$$

将式(3-5)和式(3-6)代入：

$$\cos(\beta p) = \frac{-\omega^4 C_R C_L L_R L_L + 2\omega^2 C_L L_L + \omega^2 C_R L_L + \omega^2 C_L L_R - 1}{2\omega^2 C_L L_L} \quad (3-7)$$

另外,由式(3-2)和式(3-3)可知,对于Ⅱ型CRLH传输线单元来说,在终端开路的情况下,基于它的负阶谐振发生在$\beta p = -\pi$处;在终端短路的情况下,基于它的负阶谐振发生在$\beta p = -\pi/2$处。

因此式(3-8)和式(3-9)分别给出了终端开路和终端短路两种情况下的由Ⅱ型CRLH传输线单元构成的谐振器的NOR频率：

$$\omega_{\text{open}} = \frac{1}{\sqrt[4]{C_L C_R L_L L_R}} \sqrt{\frac{(L_R C_L + L_L C_R + 4C_L L_L)}{2\sqrt{C_L L_L C_R L_R}} - \sqrt{\frac{(L_R C_L + L_L C_R + 4C_L L_L)^2}{4C_L L_L C_R L_R} - 1}}$$

(3-8)

$$\omega_{\text{short}} = \sqrt{\frac{(L_R C_L + C_R L_L + 2C_L L_L) - \sqrt{(L_R C_L + L_L C_R + 4C_L L_L)^2 - 4L_R C_R L_L C_L}}{2L_R C_R L_L C_L}}$$

(3-9)

由此可以看出,这两个谐振频率均低于单元的串联谐振频率$\omega_{se} = 1/\sqrt{L_R C_L}$和并联谐振频率$\omega_{sh} = 1/\sqrt{L_L C_R}$。

3.2.3 SIW型分形CRLH传输线结构

基于上一节的理论推导,本节在SIW技术[135-140]的基础上提出了一种新型CRLH传输线结构,提取了其电路参数,研究了基于该结构的NOR模式,为后续NOR天线的设计奠定基础。

1. 单元及等效电路

提出的SIW型分形CRLH传输线单元如图3-4所示,该单元印制在介电常数为2.2、厚度为1.5 mm的P4BM-2介质板上。Hilbert分形缝隙刻蚀在SIW结构的正面,用于形成侧壁的金属柱的直径d为0.6 mm,金属柱之间的间距W_4为1 mm,此时该结构的$W_4 < 2d$,可以认为没有能量从金属柱之间

泄漏[140]。

图 3-5 给出了该单元的等效电路，串联电容 C_L 由 Hilbert 分形缝隙[141]提供；串联电感 L_R 和并联电容 C_R 分别为 SIW 自身的右手分布电感和分布电容，并联电感 L_L 由金属柱实现[31-32]。

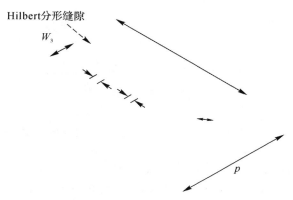

图 3-4 SIW 型分形 CRLH 传输线单元

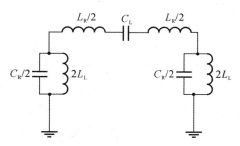

图 3-5 SIW 型分形 CRLH 传输线单元的等效电路

对 $W_1=0.2$ mm, $W_2=0.3$ mm, $W_3=6.1$ mm, $p=5$ mm 时的 SIW 型分形 CRLH 传输线单元进行电路参数提取。提取的方法如下：首先，利用全波仿真求得该单元的 S 参数；然后，利用 Serenade 8.7 中的优化拟合工具对该 S 参数进行拟合优化。此时提取出的电路参数为 $L_R=0.47$ nH, $C_L=0.78$ pF, $C_R=1.46$ pF, $L_L=0.04$ nH。图 3-6 给出了这种情况下的 SIW 型分形 CRLH 传输线及其等效电路的色散曲线，可以看出，两者吻合较好，说明参数提取过程的合理性。

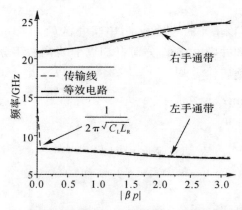

图 3-6　SIW 型分形 CRLH 传输线及其等效电路的色散曲线

2. 基于 SIW 型 CRLH 传输线单元的 NOR 模式

由前面研究内容可知,基于 Π 型 CRLH 传输线单元的 NOR 模式位于左手通带内,因此,由图 3-6 可知,传输线单元的串联谐振频率 $1/2\pi\sqrt{C_L L_R}$ 对 NOR 模式具有很大的影响。由于在单元整体尺寸不变的情况下,串联电感 L_R 基本不变,所以本节主要从串联电容 C_L 方面对 NOR 模式进行介绍。

(1) 分形缝隙宽度对 NOR 模式的影响。保证其他结构参数不变,改变分形缝隙宽度 W_1 可以有效控制 NOR 频率的大小。表 3-1 给出了 W_1 分别为 0.2 mm,0.22 mm,0.24 mm 时提取出的电路参数,由此可以看出,随着 W_1 的增加,单元的串联电容会减小。表 3-2 给出了由式(3-8)和式(3-9)求得的 f_{open} 和 f_{short},由表 3-2 可知,NOR 频率会随着 W_1 的增加而增大。

表 3-1　W_1 变化对电路参数的影响

W_1/mm	L_R/nH	C_L/pF	C_R/pF	L_L/nH
0.2	0.47	0.78	1.46	0.04
0.22	0.48	0.72	1.45	0.04
0.24	0.47	0.67	1.45	0.04

表 3-2　W_1 变化对 NOR 频率的影响

W_1/mm	f_{open}/GHz	f_{short}/GHz
0.2	7.06	7.6

第 3 章 分布式 CRLH 传输线结构在谐振天线中的应用

续表

W_1/mm	f_{open}/GHz	f_{short}/GHz
0.22	7.29	7.84
0.24	7.6	8.18

(2)基于 SIW 型交指 CRLH 传输线单元的 NOR 模式。将图 3-4 中的 Hilbert 分形缝隙换成同等长度的交指缝隙,能够得到 SIW 型交指[31-32] CRLH 传输线单元。在结构尺寸相同的情况下,SIW 型交指 CRLH 传输线单元提取出的电路参数为 $L_R=0.46$ nH,$C_L=0.68$ pF,$C_R=1.48$ pF,$L_L=0.04$ nH。根据这些电路参数求得的 NOR 频率为,$f_{open}=7.6$ GHz,$f_{short}=8.2$ GHz。由此可以看出,在缝隙长度相同的情况下,与交指缝隙相比,分形缝隙具有更大的串联电容,从而提供了更低的 NOR 频率。

由上面的内容可知:

(1)当 $W_1=0.2$ mm,$W_2=0.3$ mm,$W_3=6.1$ mm,$W_4=1$ mm,$p=5$ mm,$d=0.6$ mm 时,终端开路和终端短路两种情况下的 SIW 型分形 CRLH 传输线结构的 NOR 频率分别为 7.06 GHz 和 7.6 GHz。由此可以看出,对于尺寸仅仅为 5 mm×6.1 mm 的结构来说,这两个频率是很低的,远远低于其 TE_{10} 模截止频率(17.68 GHz)[140],因此,提出的 SIW 型分形 CRLH 传输线单元适于设计小型化 NOR 天线。

(2)改变 Hilbert 分形缝隙宽度,可以有效地改变 NOR 模式,即能够改变 NOR 天线的谐振频率。

(3)与交指类 CRLH 传输线结构相比,分形类 CRLH 传输线结构具有更低的 NOR 频率,因此 SIW 型分形 CRLH NOR 天线具有比 SIW 型交指 CRLH NOR 天线更低的谐振频率。

3.2.4 SIW 型分形 CRLH NOR 天线

基于前一节的内容,本节基于 SIW 型分形 CRLH 传输线单元($W_1=0.2$ mm,$W_2=0.3$ mm,$W_3=6.1$ mm,$W_4=1$ mm,$p=5$ mm,$d=0.6$ mm)设计了两类 NOR 天线($L_1=5$ mm,$L_2=7.1$ mm,$L_3=5$ mm,$L_4=4.7$ mm,$L_5=15.5$ mm,$L_6=17.1$ mm,$L_7=15$ mm,$d_1=1.9$ mm,$d_2=0.8$ mm,$d_3=1.05$ mm,$d_4=0.5$ mm),其结构如图 3-7 所示。图 3-8 给出了这些天线的回波损耗仿真结果。由图 3-8 可知,开路类和短路类天线的 NOR 频率分别

为 7.24 GHz 和 7.65 GHz。而由 CRLH NOR 理论求得的谐振频率分别为 7.06 GHz 和 7.6 GHz,仿真谐振频率与理论谐振频率吻合较好,验证了分析过程的正确性。图 3-9 给出从侧面看到的 SIW 谐振腔内的电场分布示意图。由此可知,当天线终端开路时,它类似于一个半波长谐振器;当天线终端短路时,它类似于一个 1/4 波长谐振器。这与理论分析(两类天线分别工作在 $\beta p=-\pi$ 和 $\beta p=-\pi/2$ 处)一致。

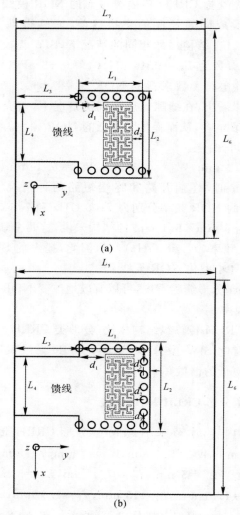

图 3-7 SIW 型分形 CRLH NOR 天线
(a)开路类; (b)短路类

第3章 分布式CRLH传输线结构在谐振天线中的应用

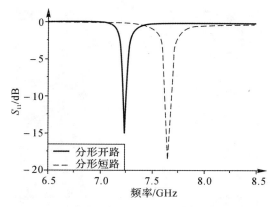

图3-8 SIW型分形CRLH NOR天线的回波损耗仿真结果

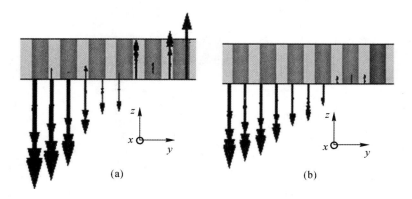

图3-9 SIW型分形CRLH NOR天线的电场分布示意图
(a)开路类(7.24 GHz); (b)短路类(7.65 GHz)

对前面仿真和分析的SIW型分形CRLH NOR天线进行加工,其实物模型如图3-10所示。为了更加直观地反映分形缝隙在减小该类天线尺寸上的优势,相同尺寸的SIW型交指CRLH NOR天线被仿真、设计和加工,其实物模型同样示于图3-10中。图3-11给出了图3-10所示天线的回波损耗测试结果。表3-3总结了它们的物理尺寸、谐振频率、相对带宽、增益($+z$方向)以及电尺寸。

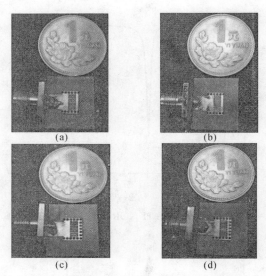

图 3-10 SIW 型 CRLH NOR 天线实物模型

(a) 分形开路类; (b) 交指开路类; (c) 分形短路类; (d) 交指短路类

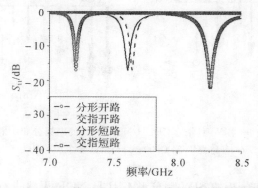

图 3-11 SIW 型 CRLH NOR 天线的回波损耗测试结果

表 3-3 SIW 型 CRLH NOR 天线的性能比较

天 线	频率/GHz	带宽/(%)	增益/dB	物理尺寸/mm	电尺寸(λ_0)
分形开路类	7.2	0.36	4.02	7.1×5	0.17×0.12
交指开路类	7.65	0.55	4.36	7.1×5	0.18×0.13
分形短路类	7.61	0.58	4.33	7.1×5.5	0.18×0.14
交指短路类	8.26	0.97	4.82	7.1×5.5	0.2×0.15

图 3-12 和图 3-13 给出了 SIW 型分形 CRLH NOR 天线的辐射方向图测试结果,由此可见,该类天线具有类似于贴片天线的方向图,交叉极化较小。

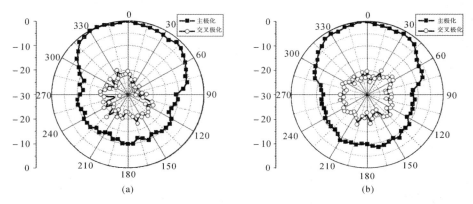

图 3-12　SIW 型分形 CRLH NOR 天线的方向图测试结果(开路类,7.2 GHz)
(a) E 面(yoz);　(b) H 面(xoz)

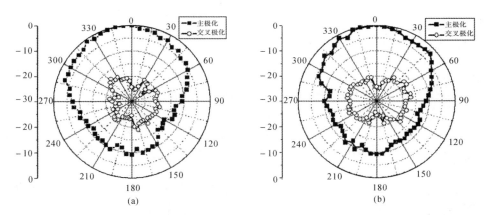

图 3-13　SIW 型分形 CRLH NOR 天线的方向图测试结果(短路类,7.61 GHz)
(a) E 面(yoz);　(b) H 面(xoz)

基于上面的研究,可以将 SIW 型分形 CRLH NOR 天线与已报道的小型化贴片天线作对比,见表 3-4。由此可以看出,本书提出的 NOR 天线尺寸极小。除此之外,该类天线增益较高,而且可以通过调节辐射缝隙来调节天线的谐振频率。因此这一结构具有重大的现实意义,相信该结构能在工程设计中找到相应的应用。

表 3-4 小型化贴片天线的性能比较

文 献	实现机理	缩减比例（与传统贴片天线相比）
文献[142]	在地板上腐蚀慢波结构	65%
文献[143]	GA 等算法优化	40%
文献[144]	容性加载	20%
文献[145]	感性加载	45%
文献[146]	短路探针+容性加载	75%
文献[147][148]	短路探针+感性加载	75%
文献[149]	容性加载+感性加载	77.1%
本书设计的分形短路类天线	基于终端短路 SIW 型分形 CRLH 传输线单元的 NOR 模式	79.2%
本书设计的分形开路类天线	基于终端开路 SIW 型分形 CRLH 传输线单元的 NOR 模式	83.1%

3.3 CPW 型分形 CRLH 传输线结构及其在 ZOR 天线中的应用

3.3.1 基于终端开路 CRLH 传输线的 ZOR 模式

由 3.2.1 节内容可知，CRLH 谐振器除了具有右手谐振器所不具有的 NOR 模式外，还具有 ZOR 模式。目前，很多研究人员利用该模式设计了一系列 ZOR 天线，这些天线由于有无限的导波波长，所以具有比普通半波长天线小得多的尺寸。然而由于自身结构的限制，它们的带宽都很窄，限制了该类天线在无线通信系统中的应用[8,28-30,97,127]。基于这一问题，本节介绍了终端开路边界条件下的 CRLH 零阶谐振器的频率和带宽计算公式，为后续的研究工作打下理论基础。

图 3-14 给出了终端开路 CRLH 传输线示意图。

第 3 章 分布式 CRLH 传输线结构在谐振天线中的应用

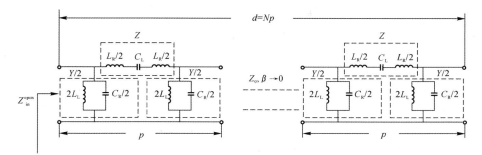

图 3-14 终端开路 CRLH 传输线示意图

由微波网络理论可知[17],该传输线在 $\beta=0$ 附近的输入阻抗为

$$Z_{in}^{open} = -jZ_0 \cot(\beta d) \overset{\beta \to 0}{\approx} -jZ_0 \frac{1}{\beta d} \quad (3-10)$$

在无耗情况下,则存在

$$Z_0 = \sqrt{\frac{Z'}{Y'}} \quad (3-11)$$

$$\beta = \frac{1}{-j\sqrt{Z'Y'}} \quad (3-12)$$

式中,Z' 和 Y' 分别为传输线单位长度上的串联分布阻抗和并联分布导纳。

将式(3-11)和式(3-12)代入得

$$Z_{in}^{open} = -jZ_0 \cot(\beta d) \overset{\beta \to 0}{\approx} -jZ_0 \frac{1}{\beta d} = -j\sqrt{\frac{Z'}{Y'}} \left(\frac{1}{-j\sqrt{Z'Y'}} \right) \frac{1}{d} =$$

$$\frac{1}{Y'd} = \frac{1}{Y'Np} = \frac{1}{NY} \quad (3-13)$$

式(3-13)表明,终端开路 CRLH 传输线在 $\beta=0$ 附近的输入阻抗只与单元并联导纳有关,而与单元串联阻抗无关。也就是说,在终端开路的情况下,CRLH 谐振器的 ZOR 频率只由并联谐振决定,而与串联谐振无关。因此,此时 CRLH 谐振器的 ZOR 频率为

$$\omega_0^{open} = \omega_{sh} = \frac{1}{\sqrt{L_L C_R}} \quad (3-14)$$

除此之外,式(3-13)还表明,终端开路 CRLH 传输线在 $\beta=0$ 附近的输入阻抗是并联支路上阻抗的 $1/N$ 倍,因此有耗终端开路 CRLH 传输线在 $\beta=0$ 附近时的等效电路如图 3-15 所示。其中,等效电容为 NC_R,等效电感为 L_L/N,等效耗散功率电阻为 $1/NG$(G 为有耗单元的并联电纳)。

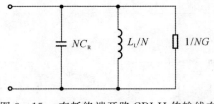

图 3-15 有耗终端开路 CRLH 传输线在 $\beta=0$ 附近时的等效电路

由文献[150]可知,图 3-15 所示电路的品质因数 $Q=\omega_0 C_R/G$ 或 $Q=1/\omega_0 L_L G$。因此在终端开路的情况下,有耗 CRLH 零阶谐振器的品质因数为

$$Q_0^{\text{open}} = \frac{\omega_{\text{sh}} C_R}{G} = \frac{1}{\omega_{\text{sh}} L_L G} = \frac{1}{G}\sqrt{\frac{C_R}{L_L}} \qquad (3-15)$$

所以其相对带宽为

$$\text{BW} = G\sqrt{\frac{L_L}{C_R}} \qquad (3-16)$$

由式(3-14)和式(3-16)可知,一个大的并联电感 L_L 和合适的并联电容 C_R 可以用于设计较宽带宽的小型化 ZOR 天线。

3.3.2 CPW 型分形 CRLH 传输线结构

基于 3.3.1 节中的结论,本节提出了一种 CPW 型分形 CRLH 传输线结构,分形曲线为该结构提供了大的并联电感,CPW 技术为该结构提供了易于调整的并联电容[96]。电路参数分析表明:该结构适于设计较宽带宽的小型化 ZOR 天线。

1. 单元及等效电路

CPW 型分形 CRLH 传输线单元如图 3-16 所示,该单元印制在介电常数为 2.2、厚度为 1.5 mm 的 P4BM-2 介质板上。图 3-17 给出了该单元的等效电路,串联电容 C_L 由 CPW 信号线上刻蚀的缝隙提供,并联电感 L_L 由 Peano 分形接地线[141]提供,并联电容 C_R 和串联电感 L_R 分别为 CPW 自身的右手分布电容和电感。

第3章 分布式CRLH传输线结构在谐振天线中的应用

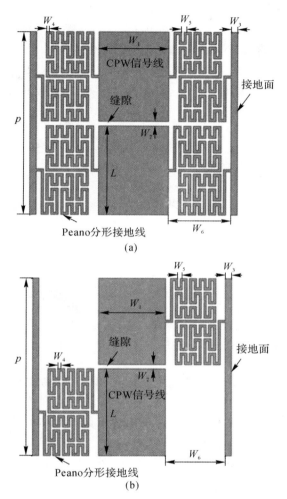

图 3-16 CPW 型分形 CRLH 传输线单元
(a)对称类；(b)非对称类

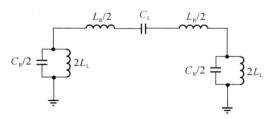

图 3-17 CPW 型分形 CRLH 传输线单元的等效电路

对 $L=7.4$ mm，$W_1=5.6$ mm，$W_2=0.4$ mm，$W_3=0.5$ mm，$W_4=0.2$ mm，$W_5=0.4$ mm，$W_6=5$ mm 时的对称单元进行全波仿真和电路参数提取，提取出的电路参数为 $L_R=24$ nH，$C_L=0.26$ pF，$C_R=0.63$ pF，$L_L=9.55$ nH。图 3-18 给出了这种情况下的 CPW 型分形 CRLH 传输线及其等效电路的色散曲线，由此可以看出，两者吻合较好，从而验证了图 3-17 所示等效电路的正确性。

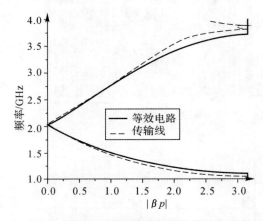

图 3-18 CPW 型分形 CRLH 传输线及其等效电路的色散曲线

对相同尺寸的非对称单元进行全波仿真和电路参数提取，提取出的电路参数为 $L_R=24.7$ nH，$C_L=0.26$ pF，$C_R=0.65$ pF，$L_L=17.49$ nH。由此可以看出，当尺寸相同时，非对称单元的并联电感近似为对称单元的 2 倍，串联电容、串联电感和并联电容与对称单元基本一样。这是因为除了用于提供并联电感的分形接地线的个数是对称单元的 1/2 外，非对称单元具有和对称单元一样的拓扑结构。

2. CPW 型 CRLH 传输线单元的并联电感和并联电容

由前面的研究内容可知，非对称单元的并联电感近似为对称单元的 2 倍，串联电容、串联电感、并联电容与对称单元基本一样。因此本节只对对称单元的并联电感和并联电容进行研究。

(1) 分形接地线线宽 W_4 对并联电感的影响。保证其他结构参数不变，改变分形接地线线宽 W_4 可以有效控制并联电感的大小。表 3-5 给出了 W_4 分别为 0.2 mm，0.25 mm，0.3 mm 时提取出的电路参数。由此可以看出，随着 W_4 的增加，并联电感会减小。

第3章 分布式CRLH传输线结构在谐振天线中的应用

表 3-5 W_4 变化对电路参数的影响

W_4/mm	L_R/nH	C_L/pF	C_R/pF	L_L/nH
0.2	24	0.26	0.63	9.55
0.25	23.8	0.25	0.62	8.79
0.3	24.1	0.25	0.64	7.66

(2)CPW 信号线与接地面之间的间距 W_6 对并联电容的影响。保证其他结构参数不变,改变 CPW 信号线与接地面之间的间距 W_6 可以有效控制并联电容的大小。表 3-6 给出了 W_6 分别为 4.5 mm,5 mm,5.5 mm 时提取出的电路参数。由此可以看出,随着 W_6 的增加,并联电容会减小。

表 3-6 W_6 变化对电路参数的影响

W_6/mm	L_R/nH	C_L/pF	C_R/pF	L_L/nH
4.5	24	0.26	0.63	9.50
5	24.1	0.26	0.54	9.52
5.5	24.3	0.26	0.47	9.55

(3)CPW 型交指 CRLH 传输线单元的并联电感。将图 3-16 中的分形接地线换成同等长度的交指接地线,能够得到 CPW 型交指[96]CRLH 传输线单元。在结构尺寸相同的情况下,CPW 型交指 CRLH 传输线单元(对称类)提取出的电路参数为 $L_R = 24.2$ nH, $C_L = 0.23$ pF, $C_R = 0.67$ pF, $L_L = 8.06$ nH。由此可以看出,在长度相同的情况下,与交指接地线相比,分形接地线具有更大的并联电感。

由上面的研究可知:

(1)CPW 型分形 CRLH 传输线单元具有大的并联电感和易于调整的并联电容,适于设计较宽带宽的小型化 ZOR 天线;

(2)改变线宽 W_4 和间距 W_6,可以有效地改变并联电感和并联电容,即能够改变 ZOR 天线的频率和带宽;

(3)与交指类 CRLH 传输线结构相比,分形类 CRLH 传输线结构具有更大的并联电感,因此,CPW 型分形 CRLH ZOR 天线具有比 CPW 型交指 CRLH ZOR 天线更低的频率和更宽的带宽。

3.3.2 CPW 型分形 CRLH ZOR 天线

基于上一节的研究,本节设计了两个 CPW 型分形 CRLH ZOR 天线($L=7.4$ mm,$W_1=5.6$ mm,$W_2=0.4$ mm,$W_3=0.5$ mm,$W_4=0.2$ mm,$W_5=0.4$ mm,$W_6=5$ mm),其结构如图 3-19 所示。

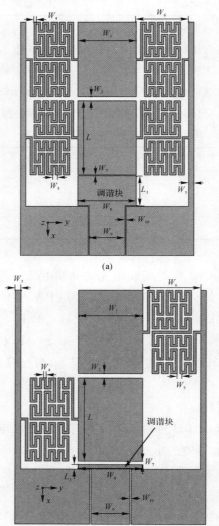

图 3-19　CPW 型分形 CRLH ZOR 天线
(a)对称类；(b)非对称类

第 3 章　分布式 CRLH 传输线结构在谐振天线中的应用

表 3-7 和图 3-20 分别给出了图 3-19 所示天线的匹配电路尺寸和回波损耗仿真结果。由图 3-20 可知,对称类和非对称类 ZOR 天线的谐振频率分别为 2.04 GHz 和 1.59 GHz。而由式(3-14)求得的理论谐振频率分别为 2.05 GHz 和 1.49 GHz。由此可见,仿真谐振频率与理论谐振频率吻合较好,验证了分析过程的正确性。图 3-21 给出了 CPW 型分形 CRLH ZOR 天线的电场分布示意图。由该图可以看出,电场沿周期排列方向是均匀分布的,证明了该类天线是 ZOR 天线[96,151]。

表 3-7　CPW 型分形 CRLH ZOR 天线的匹配电路尺寸

匹配电路	L_1/mm	W_7/mm	W_8/mm	W_9/mm	W_{10}/mm
对称类	3	0.1	5.6	3.4	0.1
非对称类	0.3	0.3	5.6	3.4	0.1

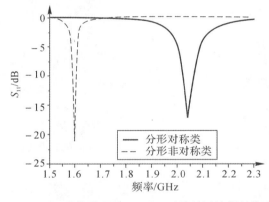

图 3-20　CPW 型分形 CRLH ZOR 天线的回波损耗仿真结果

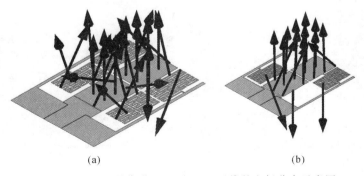

图 3-21　CPW 型分形 CRLH ZOR 天线的电场分布示意图
(a)对称类(2.04 GHz)；　(b)非对称类(1.59 GHz)

对前面仿真和分析的 CPW 型分形 CRLH ZOR 天线进行加工,其实物模型如图 3-22 所示。为了更加直观地反映分形接地线在提高该类天线性能上的优势,相同尺寸的 CPW 型交指 CRLH ZOR 天线被仿真、设计和加工,其实物模型同样示于图 3-22 中。图 3-23 给出了图 3-22 所示天线的回波损耗测试结果。表 3-8 总结了它们的谐振频率、相对带宽、增益($+z$ 方向)以及电尺寸。由表 3-8 可知,分形类天线与交指类天线相比,不仅具有更小的电尺寸,而且具有更宽的带宽,验证了"与交指接地线相比,分形接地线具有更大的并联电感"这一结论。图 3-24 和图 3-25 给出了 CPW 型分形 CRLH ZOR 天线的方向图测试结果,由此可知,该类天线能够实现全向辐射,交叉极化较小。

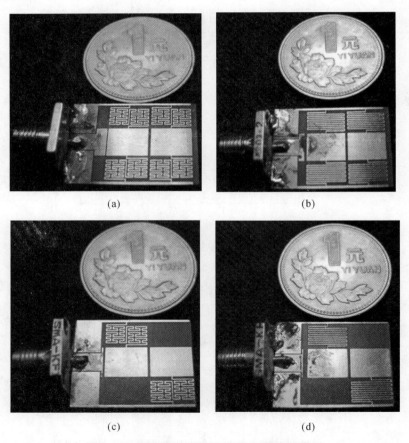

图 3-22 CPW 型 CRLH ZOR 天线实物模型
(a)分形对称; (b)交指对称; (c)分形非对称; (d)交指非对称

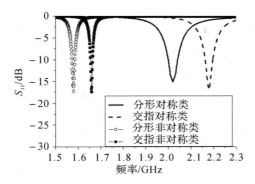

图 3-23 CPW 型 CRLH ZOR 天线的回波损耗测试结果

表 3-8 CPW 型 CRLH ZOR 天线的性能比较

天　线	频率/GHz	带宽/(%)	增益/dB	电尺寸(λ_0)
分形对称类	2.02	2.13	0.96	0.156×0.111
交指对称类	2.19	1.51	0.87	0.159×0.121
分形非对称类	1.58	0.83	0.51	0.109×0.087
交指非对称类	1.66	0.55	0.43	0.117×0.091

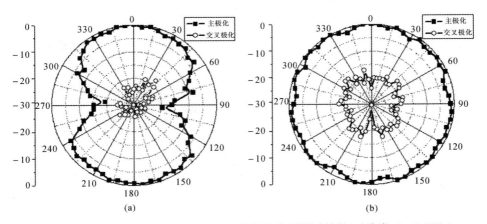

图 3-24 CPW 型分形 CRLH ZOR 天线的方向图测试结果(对称类,2.02 GHz)
(a)E 面(xoz); (b)H 面(yoz)

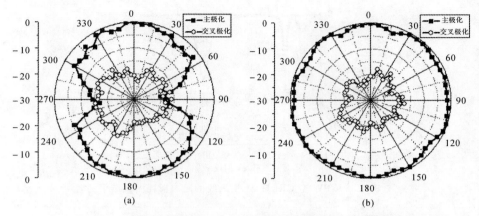

图 3-25 CPW 型分形 CRLH ZOR 天线的方向图测试结果（非对称类，1.58 GHz）
(a)E 面(xoz); (b)H 面(yoz)

基于上面的研究,可以将 CPW 型分形 CRLH ZOR 天线与报道的 ZOR 天线作对比,见表 3-9。由此可见,本节提出的 ZOR 天线具有尺寸小、带宽宽、全向辐射及加工简单等优势。除此之外,控制线宽 W_4 和间距 W_6 可以进一步调节天线的谐振频率和带宽。因此这一结构具有重大的现实意义,相信该结构能在无线通信系统中的找到相应的应用。

表 3-9 不同 CRLH ZOR 天线性能比较

文 献	带宽/(%)	电尺寸(λ_0)	方向图	应用情况
文献[8]	<1	0.25×0.25	单向	易加工
文献[30]	<1	0.167×0.167	单向	不易加工
文献[97]	1	0.175×0.152	双向	易加工
本节设计的分形对称类天线	2.13	0.156×0.111	全向	易设计、加工
本节设计的分形非对称类天线	0.83	0.109×0.087	全向	易设计、加工

3.4 MR CRLH 结构在圆极化天线中的应用

3.4.1 MR CRLH 结构构成的贴片天线的谐振模式

谐振式 CRLH 传输线结构被西班牙研究小组提出以来,一直被研究人员用于设计性能独特的微波电路[70-74,108]。直到 2010 年,基于该结构的天线才得以被开发和应用[97-98,127,133]。针对这一热点,本节对 MR CRLH 结构构成的贴片天线的谐振模式进行了研究,分析了寄生模式产生的原因,提出了利用 +1 阶模式和寄生模式设计圆极化天线的思想。

1. 谐振模式产生的机理

MR CRLH 结构及其对应的贴片天线如图 3-26 所示,该结构印制在介电常数为 2.2、厚度为 1.5 mm 的 P4BM-2 介质板上,刻蚀在接地面上的逆开口谐振单环(Complementary Split Single Ring Resonator,CSSRR)用于提供负介电常数效应。图 3-27 给出了图 3-26 所示结构的等效模型[128],L 表示贴片与 CSSRR 发生作用的线电感,C_g 表示贴片上的缝隙电容,C 除了表示线电容外,还包括贴片上的缝隙与 CSSRR 边缘的电容效应,L_C 和 C_C 用来表征 CSSRR 的谐振回路。为了更加精确地等效谐振式 CRLH 结构的特性,两段长为 L'、宽为 W' 的微带线被添加到等效模型中。

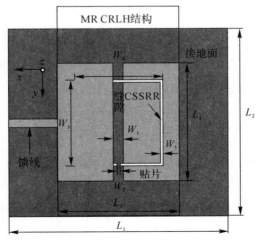

图 3-26 MR CRLH 结构及其对应的贴片天线

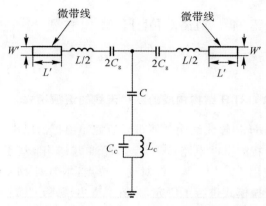

图 3-27 MR CRLH 结构的等效模型

对 $L_1=40$ mm,$L_2=35$ mm,$L_3=22$ mm,$L_4=22$ mm,$W_1=2$ mm,$W_2=0.2$ mm,$W_3=19$ mm,$W_4=19$ mm,$W_5=0.8$ mm 时的贴片天线进行仿真,其谐振模式如图 3-28 所示,由此可以看出,该天线具有三个谐振模式,分别在 1.61 GHz,3.43 GHz 和 3.72 GHz 处。图 3-29 给出了天线在 1.61 GHz 时的电流分布,由该图可知,CSSRR 两侧具有方向相反的 y 向电流,因此谐振模式 1 为 CSSRR 激起的 ZOR 模式[127]。图 3-30 给出了天线在 3.43 GHz 时的电场分布,从图 3-30 可知,天线在 x 方向上具有一个驻波分布,说明此时天线工作在 TM_{10} 模式(z 向为传播方向),从而证明了谐振模式 2 为 +1 阶模式[98]。图 3-31 给出了天线在 3.72 GHz 时的电场分布,由此可以看出,天线在 y 方向上有一个驻波分布,说明此时天线工作在与 TM_{10} 模式正交的 TM_{01} 模式,由于该模式在 CRLH 理论中是不存在的,所以这里将其称为寄生模式。图 3-32 给出了天线工作在该寄生模式时的电流分布,从图 3-32 可知,由于 CSSRR 沿 x 轴是非对称的,所以在贴片上激起了 y 向电流,从而才产生了寄生模式。图 3-33 给出了天线在 +1 阶模式和寄生模式结合处(3.67 GHz)的电场分布,从图 3-33 可知,当输入相位为 0°时,寄生模式主导天线的辐射,当输入相位为 90°时,+1 阶模式主导天线的辐射,因此结合这两个正交模式可以设计圆极化天线。

第 3 章　分布式 CRLH 传输线结构在谐振天线中的应用

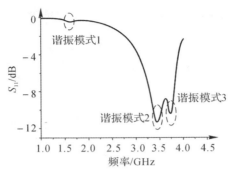

图 3-28　天线的谐振模式

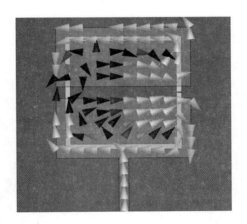

图 3-29　天线在谐振模式 1 时的电流分布

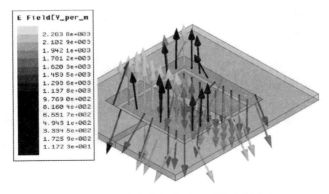

图 3-30　天线在谐振模式 2 时的电场分布

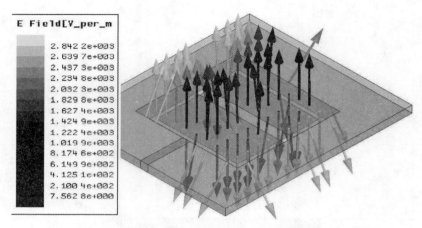

图 3-31　天线在谐振模式 3 时的电场分布

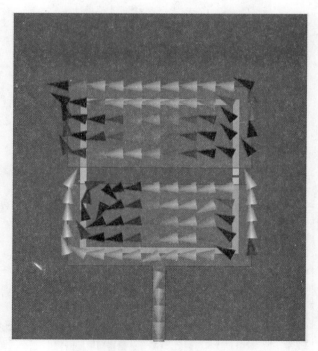

图 3-32　天线在谐振模式 3 时的电流分布

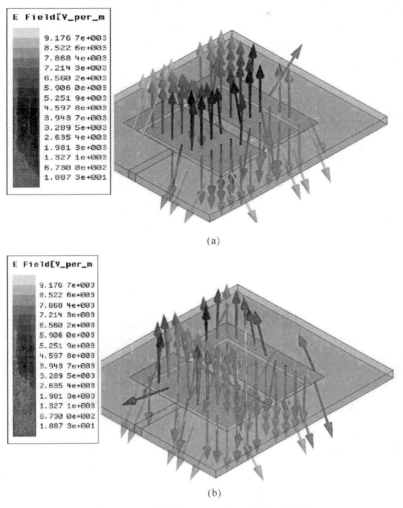

图 3-33 天线在 3.67 GHz 时的电场分布
(a) 输入相位为 0°；(b) 输入相位为 90°

2. 结构参数变化对谐振模式的影响

为了对 MR CRLH 结构构成的贴片天线有全面的认识，本节将讨论结构参数变化对其谐振模式的影响。

(1) 贴片长度 L_3。固定其他结构参数不变，依次改变 L_3，得到谐振模式随 L_3 变化的曲线，从图 3-34 可知，随着 L_3 的增加，天线的 +1 阶模式降低，而其他两个模式基本不变。表 3-10 给出了这三种情况下提取出的参数值,由表 3-10 可知,随着 L_3 的增加,只有两端微带线的长度 L' 有所增加,其他参数基本不变,从而导致了在 x 方向上有一个驻波分布的 +1 阶模式的降低。

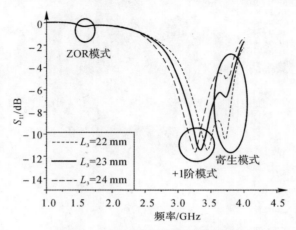

图 3-34 L_3 变化对谐振模式的影响

表 3-10 不同 L_3 情况下提取出的参数值

L_3/mm	W'/mm	L'/mm	C_g/pF	L/nH	C_C/pF	L_C/nH	C/pF
22	22.03	5.04	1.74	3.77	2.01	2.23	46.36
23	22.04	5.63	1.74	3.79	2.03	2.25	44.67
24	22.01	6.22	1.76	3.82	2.03	2.25	43.59

(2) 贴片宽度 L_4。固定其他结构参数不变,依次改变 L_4,得到谐振模式随 L_4 变化的曲线,从图 3-35 可知,随着 L_4 的增加,天线的寄生模式降低,而其他两个模式基本不变。表 3-11 给出了这三种情况下提取出的参数值,由表 3-11 可知,随着 L_4 的增加,只有两端微带线的宽度 W' 有所增加,其他参数基本不变,从而造成了在 y 方向上有一个驻波分布的寄生模式的降低。

(3) CSSRR 宽度 W_3 和长度 W_4。固定其他结构参数不变,依次改变 W_3 和 W_4,得到谐振模式随 $W_3(W_4)$ 变化的曲线,从图 3-36 可知,随着 $W_3(W_4)$ 的增加,天线的 ZOR 模式和 +1 阶模式降低,寄生模式基本不变。表 3-12 给出了这三种情况下提取出的参数值,由表 3-12 可知,随着 $W_3(W_4)$ 的增加,L,L_C 和 C 增大,L' 减小,其他参数基本不变,从而造成了 ZOR 模式和 +1

阶模式的降低。

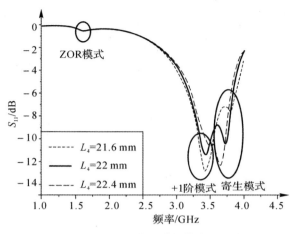

图 3-35 L_4 变化对谐振模式的影响

表 3-11 不同 L_4 情况下提取出的参数值

L_4/mm	W'/mm	L'/mm	C_g/pF	L/nH	C_C/pF	L_C/nH	C/pF
21.6	21.51	4.96	1.72	3.89	1.97	2.27	46.44
22	22.03	5.04	1.74	3.77	2.01	2.23	46.36
22.4	22.46	5.14	1.75	3.65	2.08	2.17	45.55

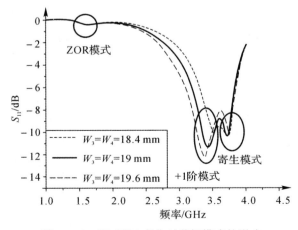

图 3-36 $W_3(W_4)$ 变化对谐振模式的影响

表 3-12　不同 $W_3(W_4)$ 情况下提取出的参数值

$W_3(W_4)$/mm	W'/mm	L'/mm	C_g/pF	L/nH	C_C/pF	L_C/nH	C/pF
18.4	22.03	5.52	1.64	3.50	2.05	2.09	39.73
19	22.03	5.04	1.74	3.77	2.01	2.23	46.36
19.6	22.01	4.58	1.84	4.05	1.97	2.36	52.04

(4)间隙宽度 W_1。固定其他结构参数不变,依次改变 W_1,得到谐振模式随 W_1 变化的曲线,从图 3-37 可知,随着 W_1 的减小,天线的+1 阶模式降低,而其他两个模式基本不变。表 3-13 给出了这三种情况下提取出的参数值,由表 3-13 可知,随着 W_1 的减小,C 减小,C_g 增加,其他参数基本不变,从而造成了+1 阶模式的降低。

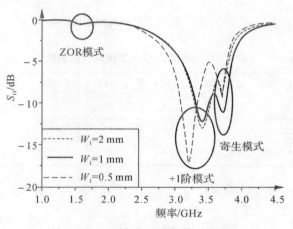

图 3-37　W_1 变化对谐振模式的影响

表 3-13　不同 W_1 情况下提取出的参数值

W_1/mm	W'/mm	L'/mm	C_g/pF	L/nH	C_C/pF	L_C/nH	C/pF
2	22.03	5.04	1.74	3.77	2.01	2.23	46.36
1	22.05	5.04	2.02	3.55	2.16	2.14	27.17
0.5	21.99	4.97	2.42	3.39	2.24	2.11	18

由此可知,存在多个结构参数影响图 3-26 所示天线的谐振模式,即结合

+1 阶模式和寄生模式构造的圆极化天线具有大的设计自由度,可以根据工程需要调整其结构参数。

3.4.2 基于 MR CRLH 结构的圆极化天线的设计

由 3.4.1 节中内容可知,结合图 3-26 所示结构的+1 阶模式和寄生模式可以构造圆极化天线,况且该设计具有大的自由度。为了验证这一方法的可行性和优越性,本节利用 MR CRLH 结构设计了一个圆极化天线,其尺寸如图 3-38 所示。图 3-39~图 3-41 分别给出了该天线的实物模型、回波损耗和轴比结果(+z 方向),从图 3-40 和图 3-41 可知,测试结果与仿真结果一致,天线的阻抗带宽为 16.64%(3.25~3.84 GHz),轴比带宽约为 2.45%(3.625~3.715 GHz)。图 3-42 给出了该天线在 3.67 GHz 时的方向图测试结果,由此可以看出,天线能够辐射前向左旋圆极化波和后向右旋圆极化波,交叉极化较小,且在 3.67 GHz 时的增益为 4.62 dB(+z 方向)。

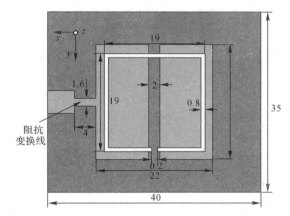

图 3-38　基于 MR CRLH 结构的圆极化天线(单位:mm)

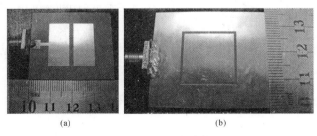

图 3-39　天线实物模型
(a)正视图; (b)背视图

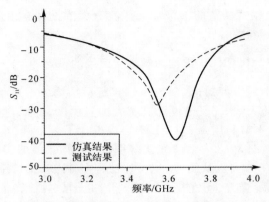

图 3-40 天线的回波损耗结果

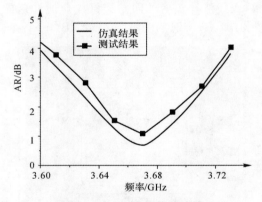

图 3-41 天线的轴比结果

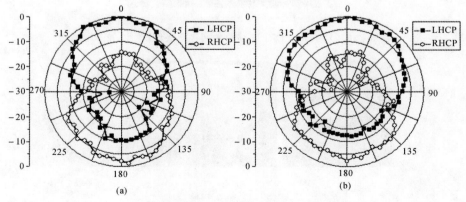

图 3-42 天线在 3.67 GHz 时的方向图测试结果
(a) xoz；(b) yoz

基于上面的研究,可以将本节设计的圆极化天线与报道的小型化圆极化贴片天线作对比,见表 3-14。由此可见,利用本节所提方法设计的圆极化天线不仅尺寸小,而且带宽宽。除此之外,该类天线不需要额外的移相网络,可以根据工程需要调节其结构参数。因此这一方法的提出对圆极化天线的设计具有重大的意义。

表 3-14 不同小型化圆极化贴片天线性能比较

天 线	电尺寸(λ_g)	缩减比例 (与传统切角圆极化天线相比)	轴比带宽 %
传统切角圆极化天线[152]	0.5×0.5	0%	1.45
文献[153]	0.428×0.428	26.73%	0.7
文献[154]	0.454×0.454	17.55%	0.5
文献[155]	0.473×0.473	10.5%	1.4
文献[156]	0.429×0.429	26.38%	0.84
文献[157]	0.426×0.426	27.41%	1.3
文献[158]	0.408×0.408	33.41%	0.86
文献[159]	0.414×0.414	31.44%	0.8
本节设计的圆极化天线	0.389×0.389	39.47%	2.45

3.5 小 结

基于分布式 CRLH 传输线结构在设计谐振天线时存在的优势,本章开展了如下研究:

(1)介绍了由 Ⅱ 型 CRLH 传输线单元构成的负阶谐振器的频率计算公式,在此基础上提出并研究了一种 SIW 型分形 CRLH 传输线结构,利用其设计了两类 NOR 天线,设计的天线与传统贴片天线相比,具有类似的增益,但它们的电尺寸却分别只有 $0.18\lambda_0 \times 0.14\lambda_0$ 和 $0.17\lambda_0 \times 0.12\lambda_0$,这与传统贴片天线相比,分别缩减了 79.2% 和 83.1%。

(2)介绍了终端开路边界条件下的 CRLH 零阶谐振器的频率和带宽计算公式,在此基础上提出并研究了一种 CPW 型分形 CRLH 传输线结构,利用其设计了两个 ZOR 天线,设计的天线能够实现全向辐射,电尺寸只有$0.156\lambda_0 \times$

$0.111\lambda_0$ 和 $0.109\lambda_0 \times 0.087\lambda_0$,但带宽却分别达到了 2.13% 和 0.83%。

(3) 对 MR CRLH 结构构成的贴片天线的谐振模式进行了介绍,分析了寄生模式产生的原因,在此基础上提出了利用 +1 阶模式和寄生模式设计圆极化天线的思想,设计的天线不需要额外的移相网络,与传统切角圆极化贴片天线相比[152],尺寸缩减了 39.47%,轴比带宽却展宽了 68.97%。

第4章 CRLH 与 UC-CRLH 传输线结构在漏波天线中的应用

4.1 引　　言

　　CRLH 传输线结构除了被用于构造性能独特的谐振天线外,其在天线方面另外一个非常大的用处就是用于设计漏波天线。这些漏波天线利用了在平衡状态下的 CRLH 传输线结构的相移常数从负到正连续变化的特性,实现了传统右手传输线结构所不易实现的天线主瓣从后向到前向的连续频率扫描[33-41,99-103]。近年来,许多研究人员通过改变 CRLH 传输线的等效电路模型,提出了一系列 UC-CRLH 传输线结构,并分析了它们在漏波天线中的应用,基于 UC-CRLH 传输线结构的漏波天线除了具有 CRLH 漏波天线的特性外,还具有小型化、多频带、低波束偏斜和群速可调等优点,因此受到越来越多天线设计者的青睐[112,117,126]。

　　基于以上背景,本章首先针对经典 ICT CRLH 传输线单元存在寄生谐振的缺点,提出并研究一种新型 ICT CRLH 传输线单元,提出的单元不仅消除了寄生谐振,而且具有更低的左手和右手通带,基于这一优势,利用新型结构设计一个漏波天线。测试结果表明:该漏波天线在整个频带内没有寄生谐振,与同等长度的经典 ICT CRLH 漏波天线相比,具有更低的工作频点。其次提出并研究一种 SIW 型 UC-CRLH 传输线结构,提出的结构在高低频段各具有一个右手通带,在中间频段具有一个左手通带,基于这一色散关系,利用该结构设计了一个双极化漏波天线,设计的天线与 CRLH 漏波天线相比,具有多频带、小型化、抗多路衰落效应和增大信道容量等优势。

4.2　漏波天线基本理论

4.2.1　一般漏波天线

　　漏波天线是一种行波天线,它是电磁波沿着传输线传输并沿途辐射而形成的一种天线。电磁波在具备漏波特性的传输线中传播时,一部分能量以导波的形式继续沿传输线向前传播,而另一部分能量则以漏波的形式辐射出去。这种天线形式与一般的谐振天线不同,它的能量辐射是基于沿传输线传输的行波[17,46]。

图 4-1 给出了一般漏波天线的结构示意图,电磁波在传输线内以如下的形式进行传播:

$$\psi(x,z) = \psi_0 e^{-\gamma z} e^{-jk_y y} = (e^{-j\beta z} e^{-\alpha z}) e^{-jk_y y} \quad (4-1)$$

其中,$\gamma = \alpha + j\beta$ 是电磁波沿 z 方向传播的复传播常数;k_y 是沿垂直传播方向向上的传播常数,该传播常数与电磁波在自由空间的传播常数有如下的关系:

$$k_y = \sqrt{k_0^2 - \beta^2} \quad (4-2)$$

式中,k_0 为电磁波在自由空间中的传播常数。式(4-2)可以推导出两个结论:① 如果电磁波沿传输线传输的相速小于光速,即所谓的慢波($v_c < c$ 或者 $\beta > k_0$),那么沿垂直传播方向向上的传播分量 k_y 是一个虚数,则电磁波在沿垂直向上的方向上呈指数衰减,在这种情况下,没有漏波现象发生。② 如果电磁波沿传输线传输的相速大于光速,即所谓的快波($v_c > c$ 或者 $\beta < k_0$),那么沿垂直传播方向向上的传播分量 k_y 是一个实数,则电磁波可以沿垂直向上传播,在这种情况下该传输结构将产生漏波现象。因此从以上讨论可以看出,慢波结构不会产生漏波现象,而快波结构将产生漏波现象。一个结构是否产生漏波现象,可以通过该结构的色散图看出。图 4-2 给出了一般传输结构的色散图,图中的圆锥体区域即表示了快波区域,在该区域内漏波现象可以发生。而其他区域为慢波区域,漏波现象不能发生,为传输线的导波区。对于任何结构的传输线,如果它的色散曲线中的一部分在图示的圆锥区域中,那么在该区域的相应频率点上将可以发生漏波现象。

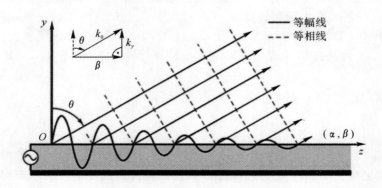

图 4-1 一般漏波天线示意图

第 4 章 CRLH 与 UC-CRLH 传输线结构在漏波天线中的应用

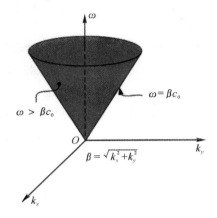

图 4-2 一般漏波天线色散示意图

式(4-1)中的 $\gamma=\alpha+\mathrm{j}\beta$ 给出了关于漏波天线的非常重要的参数,即相移常数 β 和漏波因子 α,其中相移常数 β 决定了漏波天线的主瓣辐射角度 θ_{MB}:

$$\theta_{\mathrm{MB}}=\arcsin(\beta/k_0) \tag{4-3}$$

同时该式也决定了主瓣的波瓣宽度,即

$$\Delta\theta\approx\frac{1}{(l/\lambda_0)\cos(\theta_{\mathrm{MB}})}=\frac{1}{(l/\lambda_0)\cos[\arcsin(\beta/k_0)]} \tag{4-4}$$

式中,l 为漏波天线结构的长度;λ_0 为自由空间的波长。

对式(4-3)进行分析可知,如果某传输线能够发生漏波现象,并且其相移常数随频率进行变化,那么 β/k_0 将随频率的变化而变化,因此该漏波天线的主瓣将也随频率变化而变化,即发生了所谓扫频特性。如果 β 在 $[-k_0,+k_0]$ 之间变化,那么主瓣辐射角度 θ_{MB} 可以从 $-90°$ 变化到 $+90°$,即产生了全平面内的扫频特性。

漏波天线的另一个重要参数就是漏波因子 α,它表征了漏波天线单位长度辐射掉的能量大小。在实际应用中,漏波天线一般设计在能够辐射掉 90% 以上能量的长度,该长度可以用如下公式计算:

$$\frac{l}{\lambda_0}\approx\frac{0.18k_0}{\alpha} \tag{4-5}$$

而剩下的 10% 能量被一个匹配负载所吸收。从式(4-5)可以看出漏波天线的辐射口径要远远大于谐振天线,因此漏波天线的方向性比较好。需要注意的是,尽管在传输方向上,漏波天线的辐射口径很大,但是在垂直于传输方向的横截面上其辐射口径却很小,因此一维漏波天线的辐射方向图是非常扁平的。

总体来说,漏波天线可以分为两种,即单一结构漏波天线和周期性漏波天线。单一结构漏波天线是指横截面沿波传输方向保持不变的一种漏波结构,在这种漏波天线中,只有主模能够传播,并在快波区域内形成漏波。如果这种结构的漏波天线是一种纯右手结构的传输线,则它的相移常数 β 一定大于 0,它的主瓣只能实现前向扫频特性,而且它不能实现边射,这种辐射角度的限制是该类型天线的一大缺点。另外该种天线需要非常复杂的激励结构来激励起特定的可以发生漏波特性的模式,同时抑制其他的低次模。

周期性漏波天线,顾名思义,它是由周期型结构组成的漏波结构。根据其结构的周期特性,传输的电磁波可以按照 Floquet 展开式展开,其相移常数可以表示成如下形式:

$$\beta_n = \beta_0 + \frac{2n\pi}{p} \tag{4-6}$$

式中,p 为周期单元的长度;n 为空间谐波数。将式(4-6)代入式(4-3)中可以得出任意空间谐波的主瓣辐射角度。与单一结构的漏波天线不同的是,周期性漏波天线可以是以慢波形式传播的导波,它的辐射特性可以来自一个或几个空间谐波,只要这些空间谐波的相移常数小于自由空间的传播常数,那么就可以产生漏波现象。另外,周期性漏波天线的辐射方向图不仅可以产生前向扫频,还可以产生后向扫频,其中前向扫频发生在正的空间谐波,即 $n>0$ 时;后向扫频发生在负的空间谐波,即 $n<0$ 时。值得注意的是,尽管周期性漏波天线具有前向扫频和后向扫频特性,但传统纯右手结构构成的周期性漏波天线无法实现边射。这是因为边射要求相移常数 $\beta=0$,在传统的漏波天线中,$\beta=0$ 对应着介于前向扫频和后向扫频之间的一段频率间隙,在该间隙内电磁波不能传输,而漏波天线的能量辐射来自于传输的波,不能传输的电磁波是无法产生漏波效应而辐射能量的。

4.2.2 CRLH 漏波天线

基于 CRLH 传输线结构的漏波天线一般是由一定数量的 CRLH 传输线单元级联组成的,它具备一定的周期性,由于有效均匀介质特性,所以 CRLH 漏波天线的特性与单一结构漏波天线类似,是基于 CRLH 传输线的主模进行工作的。因此从电磁学的角度来讲,尽管 CRLH 漏波天线的结构是周期性的,但仍属于单一漏波结构。

理论上,由于 CRLH 传输线的色散曲线位于辐射区域内,所以任何开放式 CRLH 传输线结构均可用作漏波天线。对于图 4-3 所示的平衡 CRLH 传输线结构的色散曲线,可以将其分为四个区域,具体示于表 4-1 中。由式(4-3)可知,当 $\beta=-k_0$(图 4-3 中的 A 点)时,频率 ω_{BF} 处为背射($\theta_{MB}=-90°$);当 $\beta=0$(图 4-3 中的 B 点)时,CRLH 传输线结构虽然相速为零,但群速却不为零,仍然有能量沿传输线传播,此时频率 ω_0 处为边射($\theta_{MB}=0°$);当 $\beta=+k_0$(图 4-3 中的 C 点)时,频率 ω_{EF} 处为端射($\theta_{MB}=+90°$)。因此平衡结构下的 CRLH 漏波天线具有从后向($\omega_{BF}-\omega_0$)到前向($\omega_0-\omega_{EF}$)的连续波束随频率扫描特性。这里值得注意的是,如果 CRLH 传输线结构是非平衡的,色散曲线在 LH 漏波区域和 RH 漏波区域之间存在从频率 $\min(\omega_{se},\omega_{sh})$ 到频率 $\max(\omega_{se},\omega_{sh})$ 的截止区域,该区域对应了漏波天线扫频范围中的"死角",即不能进行边射。因此通常情况下要求 CRLH 漏波结构工作在平衡条件下。

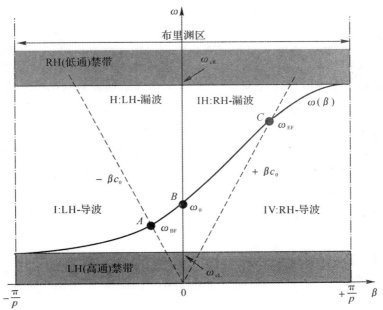

图 4-3 平衡 CRLH 传输线结构的色散曲线

表 4-1 平衡 CRLH 传输线结构的色散区域

区域	频率范围	β	v_p
LH-导波	$\omega_{CL} \sim \omega_{BF}$	<0(LH)	$<c_0$(慢波)
LH-漏波	$\omega_{BF} \sim \omega_0$	<0(LH)	$>c_0$(快波)
RH-漏波	$\omega_0 \sim \omega_{EF}$	>0(RH)	$>c_0$(快波)
RH-导波	$\omega_{EF} \sim \omega_{CR}$	>0(RH)	$<c_0$(慢波)

对于 UC-CRLH 漏波结构来说,其漏波特性的实现机理和 CRLH 类似。在左手通带内能够实现后向辐射,在平衡过渡频率 ω_0 处能够实现边射,在右手通带内能够实现前向辐射。

4.3 新型 ICT CRLH 传输线结构及其在漏波天线中的应用

4.3.1 新型 ICT CRLH 传输线结构

1. 经典 ICT CRLH 传输线单元的寄生谐振

2002 年,Itoh 研究小组利用交指电容和短路枝节提出了一种如图 4-4 所示的经典 ICT CRLH 传输线单元,并利用其设计了漏波天线。该单元由于采用微带技术实现,目前已经成为 CRLH 领域中的经典结构,所以被广泛地应用到各类微波器件的设计中[17]。

对 $p=6.1$ mm, $d=0.3$ mm, $W_C=3.3$ mm, $W_1=0.3$ mm, $W_2=0.3$ mm, $W_S=1$ mm, $L_S=13.35$ mm 时的经典 ICT CRLH 传输线单元进行全波仿真,并利用 Serenade 8.7 中的优化拟合工具进行电路参数提取,提取出的电路参数为 $C_L=0.317$ pF, $C_R=0.462$ pF, $L_L=1.792$ nH, $L_R=2.64$ nH。图 4-5 给出了这种情况下的经典 ICT CRLH 传输线及其等效电路的色散曲线。

由此可以看出:

(1)交指缝隙同侧存在多个交指线,这种多重交指线结构[160-162]使得经典 ICT CRLH 传输线单元在 8.3 GHz 和 10.7 GHz 左右激起了寄生谐振,大大限制了该单元的应用范围。

(2)除了寄生谐振处外,图 4-5 中等效电路的色散曲线和传输线的色散曲线吻合较好,证明了参数提取过程的正确性。

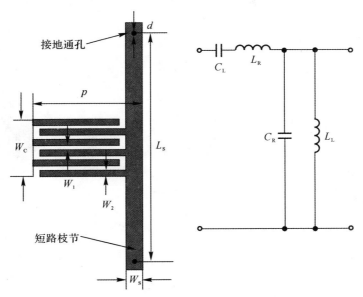

图 4-4 经典 ICT CRLH 传输线单元及其等效电路
(介电常数为 2.2,厚度为 1.5 mm)

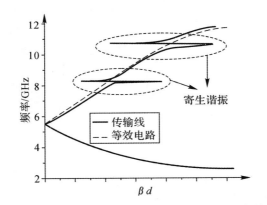

图 4-5 经典 ICT CRLH 传输线及其等效电路的色散曲线

2. 新型 ICT CRLH 传输线单元

由 4.3.1 节中内容可知,多重交指线结构使得经典 ICT CRLH 传输线单元产生了寄生谐振,限制了该单元的应用范围。为了克服这一缺点,本节通过金属柱和金属连接片连接同侧的交指线[160-162],提出了一种如图 4-6 所示的新型 ICT CRLH 传输线单元,其等效电路同样示于图 4-4 中。

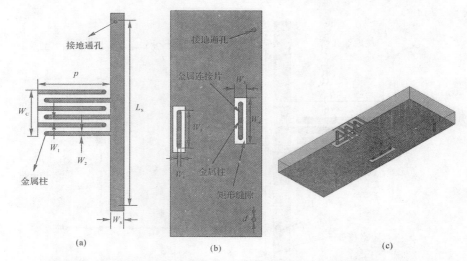

图 4-6 新型 ICT CRLH 传输线单元(介电常数为 2.2,厚度为 1.5 mm)
(a)正视图; (b)背视图; (c)三视图

对 $p=6.1$ mm,$d=0.3$ mm,$W_C=3.3$ mm,$W_1=0.3$ mm,$W_2=0.3$ mm,$W_3=0.9$ mm,$W_4=3.3$ mm,$W_5=2.7$ mm,$W_6=0.3$ mm,$W_S=1$ mm,$L_S=13.35$ mm 时的新型 ICT CRLH 传输线单元进行全波仿真,并利用 Serenade 8.7 中的优化拟合工具进行电路参数提取,提取出的电路参数为 $C_L=0.503$ pF,$C_R=0.769$ pF,$L_L=1.537$ nH,$L_R=3.3$ nH,图 4-7 给出了这种情况下的新型 ICT CRLH 传输线及其等效电路的色散曲线。

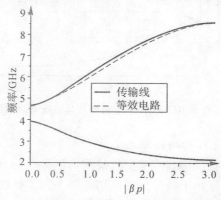

图 4-7 新型 ICT CRLH 传输线及其等效电路的色散曲线

由此可知：

(1)图 4-7 中等效电路的色散曲线和传输线的色散曲线吻合较好,证明了等效电路的正确性和参数提取的合理性。

(2)新型 ICT CRLH 传输线单元消除了经典单元的寄生谐振,达到了预期设计的目的。

(3)通过对比图 4-5、图 4-7 及提取出的两组电路参数不难发现,相同尺寸的新型 ICT CRLH 传输线单元具有大的 C_L,C_R 和 L_R,使得该单元较经典单元具有更低的左手和右手通带。

为了解释新型 ICT CRLH 传输线单元能够提供大的 C_L,C_R 和 L_R 的原因,对相同尺寸的去掉金属连接片的新型 ICT CRLH 传输线单元进行全波仿真和电路参数提取(等效电路不变),提取出的电路参数为 $C_L=0.457$ pF,$C_R=0.739$ pF,$L_L=1.507$ nH,$L_R=3.34$ nH,图 4-8 给出了这种情况下的新型 ICT CRLH 传输线及其等效电路的色散曲线。

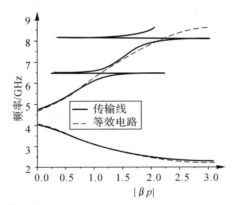

图 4-8 去掉金属连接片的新型 ICT CRLH 传输线及其等效电路的色散曲线

由此可知：

(1)图 4-8 中等效电路的色散曲线和传输线的色散曲线吻合较好,证明了等效电路的正确性和参数提取的合理性。

(2)去掉金属连接片基本对新型 ICT CRLH 传输线单元的电路参数没有很大影响,因此可以将新型 ICT CRLH 传输线单元提供大的 C_L,C_R 和 L_R 的原因归结于金属柱上。

(3)去掉金属连接片后,新型 ICT CRLH 传输线单元又重新出现了寄生谐振,说明金属连接片和金属柱共同作用,避免了多重交指线结构,从而才克服了寄生谐振。

3. 结构参数变化对新型单元电路参数的影响

众所周知,色散关系是 CRLH 传输线结构的研究重点,而等效电路法在研究 CRLH 传输线结构的色散关系时简单有效,因此为了对新型 ICT CRLH 传输线单元有全面的认识和了解,只需研究各结构参数变化对其电路参数的影响即可。

(1)短路枝节长度 L_S。固定其他结构参数不变,依次改变 $L_S=$ 11.35 mm,13.35 mm,15.35 mm,得到这三种情况下的单元 S 参数,通过优化拟合分别得到它们的电路参数见表 4-2,由此可见,随着 L_S 的增加,并联电感 L_L 增大,其他电路参数基本不变。

表 4-2　不同 L_S 情况下提取出的电路参数

L_S/mm	C_L/pF	C_R/pF	L_L/nH	L_R/nH
11.35	0.508	0.829	1.259	3.3
13.35	0.503	0.769	1.537	3.3
15.35	0.552	0.782	1.953	3.154

(2)交指缝隙宽度 W_1 和交指线宽度 W_2。固定其他结构参数不变,依次改变 $W_1=0.22$ mm($W_2=0.38$ mm),0.26 mm($W_2=0.34$ mm),0.3 mm($W_2=0.3$ mm),得到这三种情况下的单元 S 参数,通过优化拟合分别得到它们的电路参数见表 4-3,由此可见,随着 W_1 的增加(W_2 的减小),串联电容 C_L 减小,其他电路参数基本不变。

表 4-3　不同 W_1 和 W_2 情况下提取出的电路参数

W_1/mm	W_2/mm	C_L/pF	C_R/pF	L_L/nH	L_R/nH
0.22	0.38	0.608	0.782	1.534	3.1
0.26	0.34	0.54	0.759	1.549	3.22
0.3	0.3	0.503	0.769	1.537	3.3

(3)单元长度 p。固定其他结构参数不变,依次改变 $p=5.6$ mm,6.1 mm,6.6 mm,得到这三种情况下的单元 S 参数,通过优化拟合分别得到它们的电路参数见表 4-4,由此可见,随着 p 的增加,串联电容 C_L、并联电容 C_R 和串联电感 L_R 增大。

表 4-4 不同 p 情况下提取出的电路参数

p/mm	C_L/pF	C_R/pF	L_L/nH	L_R/nH
5.6	0.442	0.678	1.58	3.21
6.1	0.503	0.769	1.537	3.3
6.6	0.587	0.845	1.476	3.333

(4)交指线个数。在前面的研究中,新型 ICT CRLH 传输线单元的交指线为 6 个。如果改变交指线个数,由于结构之间的相关性,部分结构参数也不可避免改变。比如:当交指线为 4 个时,该单元的结构参数为 $p=6.1$ mm,$d=0.3$ mm,$W_C=3.3$ mm,$W_1=0.47$ mm,$W_2=0.47$ mm,$W_3=0.9$ mm,$W_4=3.3$ mm,$W_5=2.35$ mm,$W_6=0.47$ mm,$W_S=1$ mm,$L_S=13.35$ mm;当交指线为 8 个时,该单元的结构参数为 $p=6.1$ mm,$d=0.3$ mm,$W_C=3.3$ mm,$W_1=0.22$ mm,$W_2=0.22$ mm,$W_3=0.9$ mm,$W_4=3.3$ mm,$W_5=2.86$ mm,$W_6=0.22$ mm,$W_S=1$ mm,$L_S=13.35$ mm。表 4-5 给出了不同交指线个数情况下提取出的电路参数,由此可知,随着交指线个数的增加,串联电容 C_L 增大,其他电路参数基本不变。

表 4-5 不同交指线个数情况下提取出的电路参数

交指线个数	C_L/pF	C_R/pF	L_L/nH	L_R/nH
4	0.297	0.676	1.618	3.671
6	0.503	0.769	1.537	3.3
8	0.641	0.777	1.556	3.095

由此可见,新型 ICT CRLH 传输线单元和经典单元一样[17],存在多个结构参数影响其电路参数(色散关系)。换言之,新型单元在具有小尺寸、无寄生

谐振优点的同时,并没有改变经典单元的设计自由度,可以根据工程需要调整其结构参数。

4.3.2 基于新型 ICT CRLH 传输线结构的漏波天线的设计

由 4.3.1 节中内容可知,新型 ICT CRLH 传输线单元因无寄生谐振、低的工作频带等优点,可以用于替代经典单元设计微波器件。基于这一优势,本节利用新型 ICT CRLH 传输线结构设计了一个漏波天线。

由图 4-7 可知,当新型 ICT CRLH 传输线单元的结构参数为 $p=6.1$ mm,$d=0.3$ mm,$W_C=3.3$ mm,$W_1=0.3$ mm,$W_2=0.3$ mm,$W_3=0.9$ mm,$W_4=3.3$ mm,$W_5=2.7$ mm,$W_6=0.3$ mm,$W_S=1$ mm,$L_S=13.35$ mm时,该传输线结构处于非平衡条件下,为了设计波束随频率连续扫描的漏波天线,在保证单元长度不变的情况下,优化调整其短路枝节的长度 $L_S=15.75$ mm,此时提取出的电路参数为 $C_L=0.479$ pF,$C_R=0.732$ pF,$L_L=2.236$ nH,$L_R=3.432$ nH,图 4-9 给出了该组电路参数下的等效电路的色散曲线。

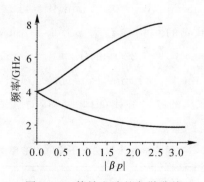

图 4-9 等效电路的色散曲线

由图 4-9 可知,调整后的新型 ICT CRLH 传输线结构工作在平衡条件下,其过渡频率 $\omega_0=3.93$ GHz。图 4-10 给出了利用调整后的新型 ICT CRLH 传输线结构设计的漏波天线示意图,为了减小全波仿真的计算量,提高设计效率,选取单元的个数为 16。除此之外,由下式可以求出调整后的新型 ICT CRLH 传输线结构的特性阻抗为 68 Ω,因此图 4-10 所示天线能够直接利用 50 Ω 的微带线进行匹配。

$$Z_R = \sqrt{\frac{L_R}{C_R}} = \sqrt{\frac{3.432 \text{ nH}}{0.732 \text{ pF}}} \approx 68 \text{ Ω} \qquad (4-7)$$

$$Z_L = \sqrt{\frac{L_L}{C_L}} = \sqrt{\frac{2.236 \text{ nH}}{0.479 \text{ pF}}} \approx 68 \text{ Ω} \qquad (4-8)$$

$$Z_0 = Z_R = Z_L \approx 68 \text{ Ω} \qquad (4-9)$$

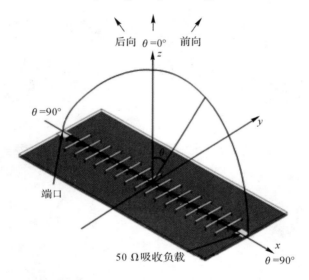

图 4-10 新型 ICT CRLH 漏波天线结构示意图

图 4-11 和图 4-12 分别给出了新型 ICT CRLH 漏波天线的实物模型和回波损耗测试结果，从图 4-12 可知，该天线在 3.27~6.22 GHz 范围内的 S_{11} 小于 −10 dB，且在整个频带内没有寄生谐振。图 4-13 给出了图 4-10 所示天线在 $\theta = -36°(f=3.5 \text{ GHz})$，$-18°(f=3.8 \text{ GHz})$，$0°(f=4.05 \text{ GHz})$，$18°(f=4.28 \text{ GHz})$，$36°(f=4.5 \text{ GHz})$ 时的方向图测试结果（当 $\theta = -36°$，$-18°$，$18°$，$36°$ 时，该漏波天线的 H 面已经不在 yOz 平面内，因此并未给出这四个方向时的 H 面方向图），由此可见，新型 ICT CRLH 漏波天线实现了波束从后向到前向的连续扫描，交叉极化较小。且在这五个方向上的增益分别为 9.21 dB，10.17 dB，10.61 dB，9.65 dB，9.91 dB。

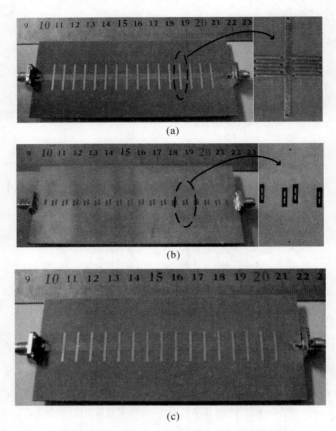

图 4-11 ICT CRLH 漏波天线实物模型
(a)新型 ICT CRLH 漏波天线正视图； (b)新型 ICT CRLH 漏波天线背视图；
(c)经典 ICT CRLH 漏波天线

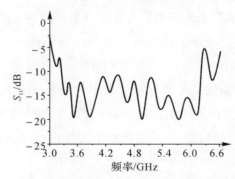

图 4-12 新型 ICT CRLH 漏波天线的回波损耗测试结果

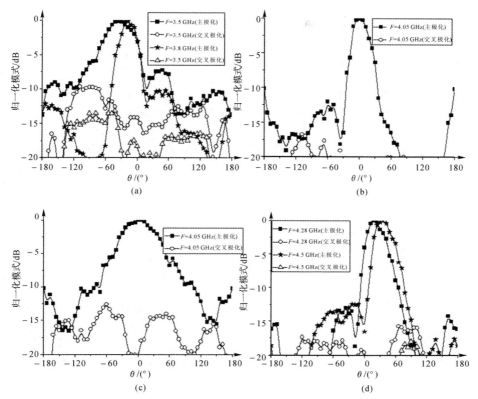

图 4-13 新型 ICT CRLH 漏波天线的方向图测试结果
(a)后向辐射(E 面,xOz 面); (b)边射(E 面,xOz 面);
(c)边射(H 面,yOz 面); (d)前向辐射(E 面,xOz 面)

为了更加直观地反映新型 ICT CRLH 漏波天线的优势,相同长度的 16 单元经典 ICT CRLH 漏波天线被仿真、设计和加工($p=6.1$ mm,$d=0.3$ mm,$W_C=3.3$ mm,$W_1=0.3$ mm,$W_2=0.3$ mm,$W_S=1$ mm,$L_S=13.35$ mm),其实物模型同样示于图 4-11 中。图 4-14 给出了该经典 ICT CRLH 漏波天线在 $\theta=-36°(f=4.75$ GHz),$-18°(f=5.1$ GHz),$0°(f=5.57$ GHz),$18°(f=6.05$ GHz),$36°(f=6.8$ GHz)时的方向图测试结果。由此可见,在长度和辐射方向相同的情况下,新型漏波天线具有比经典漏波天线更低的工作频率。

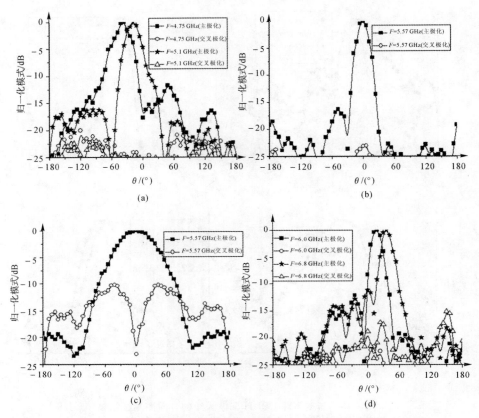

图 4-14 经典 ICT CRLH 漏波天线的方向图测试结果

(a)后向辐射(E面); (b)边射(E面); (c)边射(H面); (d)前向辐射(E面)

4.4 SIW 型 UC-CRLH 传输线结构及其在双极化漏波天线中的应用

由综述部分内容可知,伴随着 CRLH 传输线理论及其应用研究的不断深入,许多研究人员在 CRLH 传输线结构的基础上提出了一系列 UC-CRLH 传输线结构,由于这些 UC-CRLH 传输线结构除了具有 CRLH 传输线结构的某些性质外,还具有一些奇异的特性,所以越来越多地被应用到微波器件的设计中[110-126]。针对这一研究热点,本节提出并研究了一种 SIW 型 UC-CRLH 传输线结构,利用其设计了一个双极化漏波天线。

4.4.1 SIW 型 UC-CRLH 传输线结构

1. 新型结构 UC-CRLH 特性的证明

近年来,董元旦等人提出了 SIW 型 CRLH 传输线的概念,该类传输线利用 SIW 正面的纵槽和自身的金属柱分别实现了 CRLH 中的串联谐振回路和并联谐振回路[31-32, 37-38],具有结构简单、易于实现等优点。另外,从第 1 章中内容可知,在 CRLH 传输线结构中添加额外的串联谐振回路或并联谐振回路可以设计 UC-CRLH 传输线结构[126]。基于这两部分研究现状,并结合矩形波导理论[163],本节提出了一种 SIW 型 UC-CRLH 传输线结构,该结构印制在介电常数为 2.2、厚度为 1 mm 的 P4BM-2 介质板上,其单元如图 4-15 所示。在图 4-15 中,单元正面的纵槽用于实现串联谐振回路,周期性排列的金属柱和横槽分别实现并联谐振回路,三个谐振回路的结合使得新型传输线结构能够提供 UC-CRLH 特性。

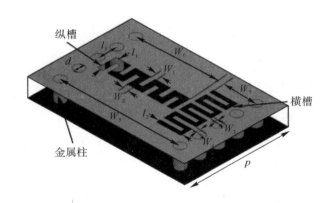

图 4-15 SIW 型 UC-CRLH 传输线单元

在前面的研究过程中,本节主要采用等效电路法计算并分析 CRLH 传输线的色散关系,然而,对于 UC-CRLH 传输线来说,其色散关系相对复杂,因此,这里将利用另一种方法——S 参数法对其进行计算和分析,具体步骤如下:

步骤 1:利用全波仿真获得 UC-CRLH 传输线单元的 S 参数;
步骤 2:将 S 参数转化为 Z 参数[164]:

$$Z_{11} = Z_{C1} \frac{1-|S|+S_{11}-S_{22}}{|S|+1-S_{11}-S_{22}} \quad (4-10a)$$

$$Z_{12} = \sqrt{Z_{C1}Z_{C2}} \frac{2S_{12}}{|S|+1-S_{11}-S_{22}} \quad (4-10\text{b})$$

$$Z_{21} = \sqrt{Z_{C1}Z_{C2}} \frac{2S_{21}}{|S|+1-S_{11}-S_{22}} \quad (4-10\text{c})$$

$$Z_{22} = Z_{C2} \frac{1-|S|-S_{11}+S_{22}}{|S|+1-S_{11}-S_{22}} \quad (4-10\text{d})$$

若是对称结构,且端接传输线单元的特性阻抗 $Z_{C1}=Z_{C2}$,所以有 $S_{11}=S_{22}$,同时是无耗互易网络,则 $S_{12}=S_{21}$。

因此,式(4-10)可以简化为

$$Z_{11} = Z_{22} = Z_{C1} \frac{1-|S|}{|S|+1-2S_{11}} \quad (4-11\text{a})$$

$$Z_{12} = Z_{21} = Z_{C1} \frac{2S_{21}}{|S|+1-2S_{11}} \quad (4-11\text{b})$$

步骤3:将 UC-CRLH 传输线单元等效为一个如图4-16所示的T形网络:

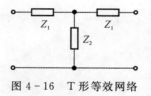

图4-16 T形等效网络

则有

$$Z_1 = Z_{11} - Z_{12} \quad (4-12\text{a})$$

$$Z_2 = Z_{12} = Z_{21} \quad (4-12\text{b})$$

联系式(2-18),则有

$$\beta p = \arccos(1+Z_1/Z_2) \quad (4-13)$$

联系式(4-11)～式(4-13),即可计算出 UC-CRLH 传输线的色散关系。

为了验证新型结构的 UC-CRLH 特性,按上述步骤对图4-15所示单元进行仿真和计算($p=8.2$ mm,$d=0.8$ mm,$l_1=1.44$ mm,$l_2=1.91$ mm,$l_3=1.5$ mm,$W_1=0.35$ mm,$W_2=0.43$ mm,$W_3=0.3$ mm,$W_4=0.3$ mm,$W_5=9.5$ mm,$W_6=6.59$ mm,$W_7=2.61$ mm),得到如图4-17所示的色散曲线,由此可见,新型传输线结构除了具有 CRLH 传输线结构的电磁特性外(左手通带:12.45～14.84 GHz;右手通带:14.84～17.56 GHz),在更低的频

带范围内提供了一个新增的右手通带。因此,该传输线结构是一个 UC-CRLH 传输线结构。

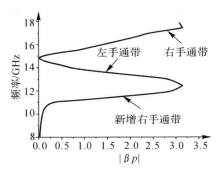

图 4-17　SIW 型 UC-CRLH 传输线的色散曲线

2. 结构参数变化对 SIW 型 UC-CRLH 传输线色散关系的影响

与 CRLH 传输线类似,色散关系也是 UC-CRLH 传输线的研究重点,因此为了对 SIW 型 UC-CRLH 传输线结构有一个全面深入的认识,本节将讨论主要结构参数的变化对其色散关系的影响。

(1) 单元宽度 W_5。固定其他结构参数不变,依次改变 $W_5=9.5$ mm,10 mm,10.5 mm,得到这三种情况下的单元 S 参数,通过 S 参数法计算出的色散曲线示于图 4-18 中,从图 4-18 可知,由于决定高端右手通带的并联谐振回路中的电感随着 W_5 的增大而增大[31-32,37-38],使得高端右手通带随着 W_5 的增大而降低。

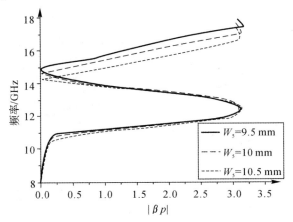

图 4-18　W_5 变化对色散曲线的影响

(2)纵槽宽度 L_1。固定其他结构参数不变,依次改变 $L_1=1.34$ mm,1.44 mm,1.54mm,得到这三种情况下的单元 S 参数,通过 S 参数法计算出的色散曲线示于图4-19中,从图4-19可知,由于串联谐振回路中的电容随着 L_1 的增大而增大[31-32,37-38],所以左手通带随着 L_1 的增大而降低。

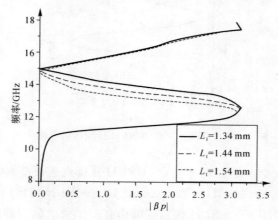

图 4-19 L_1 变化对色散曲线的影响

(3)横槽宽度 L_2。固定其他结构参数不变,依次改变 $L_2=1.81$ mm,1.91 mm,2.01mm,得到这三种情况下的单元 S 参数,通过 S 参数法计算出的色散曲线示于图4-20中,从图4-20可知,由于决定低端右手通带的并联谐振回路中的电容随着 L_2 的增大而增大,所以低端右手通带随着 L_2 的增大而降低。

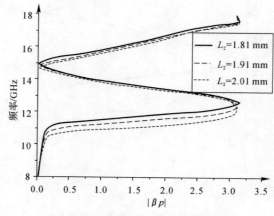

图 4-20 L_2 变化对色散曲线的影响

基于上面的研究，可以得出如下结论：

(1) 与 CRLH 传输线结构相比，SIW 型 UC-CRLH 传输线结构在更低的频段内增加了一个右手通带。因此，基于 SIW 型 UC-CRLH 传输线结构的微波器件除了具有 CRLH 微波器件的优点外，还具有小型化和多频带优势。

(2) 通过调整 SIW 型 UC-CRLH 结构的 W_5，L_1 和 L_2，可以分别单独控制该结构的高端右手通带、左手通带和低端右手通带。因此，SIW 型 UC-CRLH 传输线结构具有大的设计自由度，可以通过工程需求调整其结构参数。

4.4.2 SIW 型 UC-CRLH 传输线结构在双极化漏波天线中的应用

基于 SIW 型 UC-CRLH 传输线结构的色散关系，本节设计了一个双极化漏波天线，该天线既实现了 CRLH 漏波天线所能实现的从后向到前向的连续扫频，又能够辐射两个正交的线极化波，同时具有小型化和多频带优势。

1. SIW 型 UC-CRLH 漏波结构

图 4-21 给出了本节所要研究的 SIW 型 UC-CRLH 漏波结构的示意图，在该图中，单元的个数为 15（$p=8.2$ mm，$d=0.8$ mm，$L_1=1.44$ mm，$L_2=1.91$ mm，$L_3=1.5$ mm，$W_1=0.35$ mm，$W_2=0.43$ mm，$W_3=0.3$ mm，$W_4=0.3$ mm，$W_5=9.5$ mm，$W_6=6.59$ mm，$W_7=2.61$ mm），两段长为 6 mm、宽为 1.8 mm 的阻抗变换线用于调节匹配。

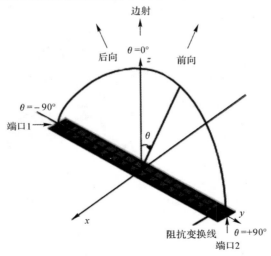

图 4-21 SIW 型 UC-CRLH 漏波结构

图 4-22 给出了图 4-21 所示结构的 S 参数仿真结果,由图 4-22 可知,在 10~10.5 GHz 范围内,该结构的 S_{11} 小于 -10 dB,S_{21} 小于 -7 dB,如果不计介质和导体损耗,约 70% 的能量以漏波的形式辐射出去;在 13.55~17.3 GHz 范围内,该结构的 S_{11} 小于 -10 dB,S_{21} 小于 -15 dB,如果不计介质和导体损耗,约 87% 的能量以漏波的形式辐射出去。图 4-23 给出了图 4-21 所示结构的方向图仿真结果,由图 4-23 可知,SIW 型 UC-CRLH 漏波结构除了具有从后向到前向的连续扫频特性外(13.9 GHz,14.4 GHz,14.9 GHz,15.9 GHz,16.4 GHz),在更低的频带上还提供了新的前向辐射(10.1 GHz),即该结构在实现了 CRLH 漏波结构的电磁特性外,还具有小型化和多频带优势。

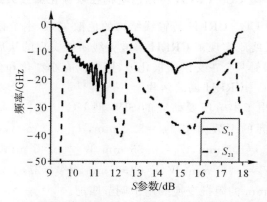

图 4-22 SIW 型 UC-CRLH 漏波结构的 S 参数仿真结果

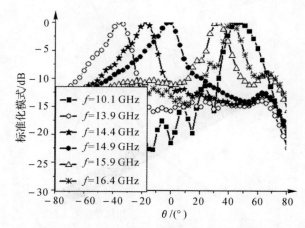

图 4-23 SIW 型 UC-CRLH 漏波结构的方向图仿真结果(yOz 面)

2. 双极化 SIW 型 UC-CRLH 漏波结构

由上节内容可知,与 CRLH 漏波结构相比,SIW 型 UC-CRLH 漏波结构具有小型化和多频带优点。基于这一优点,并结合双极化天线在抗多路衰落效应和增大信道容量上存在的优势[165-167],本节在图 4-21 所示结构的基础上提出了如图 4-24(b)所示的双极化 SIW 型 UC-CRLH 漏波结构。由图 4-24(a)可知:当端口 1 和端口 4 输入等幅同相信号时,y 方向的电场进行叠加,x 方向的电场抵消,此时图 4-24(b)所示结构辐射水平极化波(y 方向);当端口 1 和端口 4 输入等幅反相信号时,x 方向的电场进行叠加,y 方向的电场抵消,此时图 4-24(b)所示结构辐射垂直极化波(x 方向)。

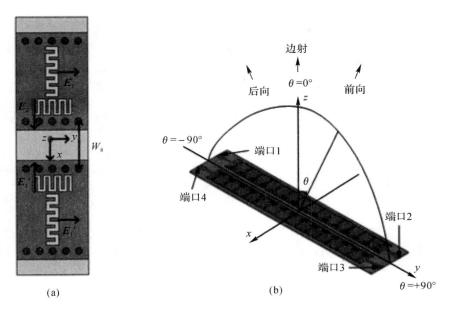

图 4-24 双极化 SIW 型 UC-CRLH 漏波结构
(a)单元; (b)整个结构

由阵列天线理论可知[163],双极化 SIW 型 UC-CRLH 漏波结构的隔离度和方向图在很大程度上取决于间距 W_8,因此间距 W_8 的选取对于该结构的性能至关重要。图 4-25 和图 4-26 分别给出了该结构在 $W_8=0$ mm,5.5 mm,11 mm 时的隔离度和方向图仿真结果。

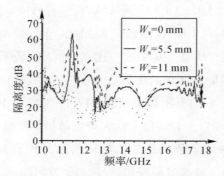

图 4-25 W_8 不同时的隔离度仿真结果

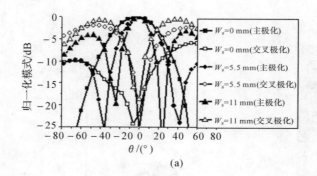

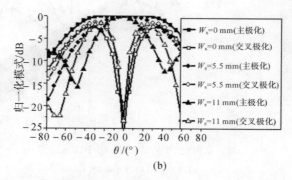

图 4-26 W_8 不同时的方向图仿真结果(14.9 GHz,xOz 面)
(a)y 方向极化(H 面); (b)x 方向极化(E 面)

由图 4-25 和图 4-26 可知,随着 W_8 的增加,图 4-24(b)所示结构的隔离度和交叉极化都增大。当 $W_8=5.5$ mm 时,该结构在漏波区域内(10~10.5 GHz 和 13.55~17.3 GHz)的隔离度大于 20 dB,$+z$ 方向的交叉极化小于-25 dB,因此本书在后续的设计过程中选取间距$W_8=5.5$ mm,图4-27给出了这种情况下的双极化SIW型UC-CRLH漏波结构的方向图仿真结果。

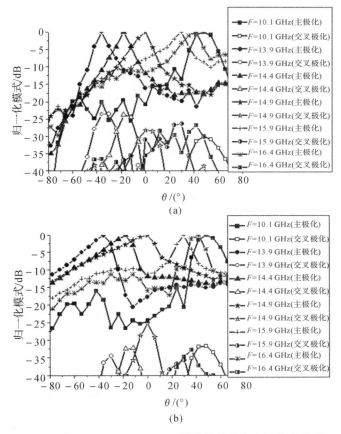

图4-27 双极化SIW型UC-CRLH漏波结构的方向图仿真结果(yOz面)
(a)y方向极化(E面); (b)x方向极化(H面)

由图4-27可知,双极化SIW型UC-CRLH漏波结构既实现了CRLH漏波结构所能实现的从后向到前向的连续波束扫描,又在更低的频带上内提供了新的前向辐射,同时具备了双极化特性。

3.双极化SIW型UC-CRLH漏波天线的设计

由4.4.2中内容可知,要想构造一个双极化SIW型UC-CRLH漏波天线,则须为图4-24(b)所示结构设计一个能够提供等幅同相和等幅反相信号的宽带混合环。图4-28给出了该宽带混合环的结构示意图,在图4-28中,端口1和端口4为输入口,端口2和端口3为输出口。当端口1输入信号时,端口2和端口3输出等幅反相信号;当端口4输入信号时,端口2和端口3输出等幅同相信号[168]。

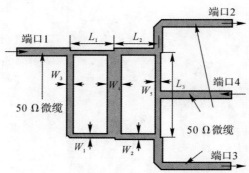

图4-28 宽带混合环结构示意图

对图4-28所示宽带混合环进行仿真、优化和加工,优化出的结构参数和加工模型的测试结果分别如表4-6和图4-29所示,由图4-29可知,在10～16.6 GHz范围内,加工混合环的S_{11}和S_{44}小于-10 dB,S_{14}和S_{41}小于-27 dB,幅度不平衡度小于0.5 dB,相位不平衡度小于5°,因此,该混合环可以作为双极化SIW型UC-CRLH漏波结构的馈电电路。

表4-6 宽带混合环结构参数

W_1/mm	L_1/mm	W_2/mm	L_2/mm	W_3/mm	L_3/mm	W_4/mm	W_5/mm	ε_r	h/mm
0.41	4.55	0.65	4.49	0.72	8.91	1.53	0.5	2.2	0.254

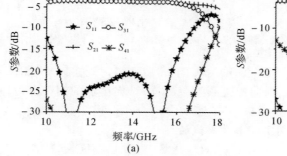
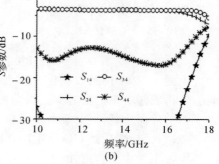

图4-29 宽带混合环的测试结果
(a)端口1输入; (b)端口4输入

第4章 CRLH 与 UC-CRLH 传输线结构在漏波天线中的应用

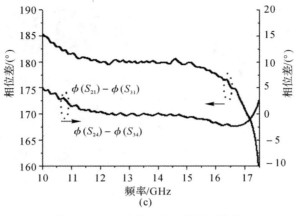

续图 4-29 宽带混合环的测试结果
(c)相位差

将制作好的宽带混合环和双极化 SIW 型 UC-CRLH 漏波结构进行组装,得到如图 4-30 所示的双极化 SIW 型 UC-CRLH 漏波天线。图 4-31 给出了该天线的 S 参数测试结果,由图 4-31 可知,在 10.03～10.46 GHz 和 13.55～16.56 GHz 范围内,双极化 SIW 型 UC-CRLH 漏波天线的 S_{11},S_{44} 小于 -10 dB;S_{21},S_{31},S_{24},S_{34} 小于 -15 dB;S_{41},S_{14} 小于 -26 dB。由此可见,该天线在 10.03～10.46 GHz 和 13.55～16.56 GHz 频率范围内,不仅具有大的隔离度,而且大部分能量以漏波的形式辐射出去。图 4-32 给出了双极化 SIW 型 UC-CRLH 漏波天线在 $f=10.1$ GHz,13.9 GHz,14.4 GHz,14.9 GHz,15.9 GHz,16.4 GHz 时的方向图测试结果,由图 4-32 可知,该天线除了具有 CRLH 漏波天线所具有的从后向到前向的连续扫频特性外,还在更低的频带上提供了新的前向辐射,同时实现了双极化特性,且在这六个频点上的增益分别为 13.41 dB,13.52 dB,12.61 dB,9.95 dB,13.11 dB,14.74 dB(y 方向极化)和 12.71 dB,10.8 dB,10.97 dB,11.21 dB,7.65 dB,7.21 dB(x 方向极化)。

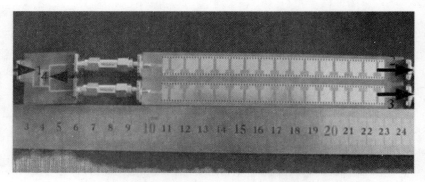

图 4-30 双极化 SIW 型 UC-CRLH 漏波天线

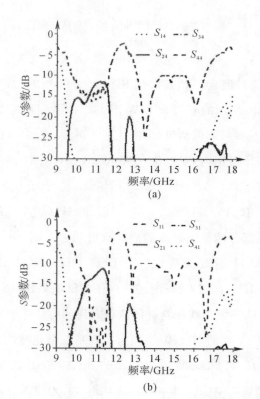

图 4-31 双极化 SIW 型 UC-CRLH 漏波天线的 S 参数测试结果
(a) y 方向极化；(b) x 方向极化

第 4 章 CRLH 与 UC-CRLH 传输线结构在漏波天线中的应用

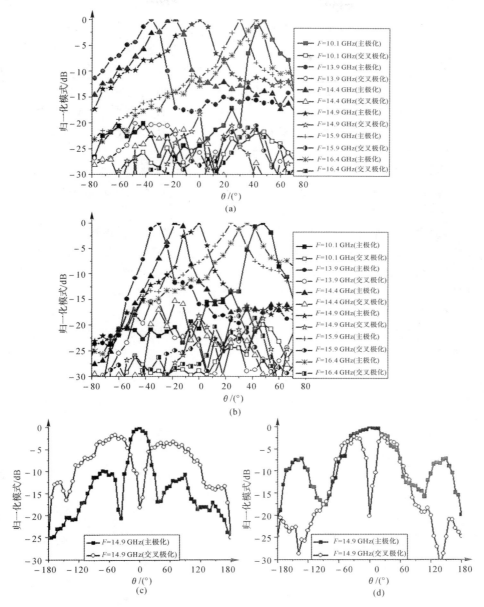

图 4-32 双极化 SIW 型 UC-CRLH 漏波天线的方向图测试结果
(a) y 方向极化 (yOz 面, E 面); (b) x 方向极化 (yOz 面, H 面);
(c) y 方向极化 (xOz 面, H 面); (d) x 方向极化 (xOz 面, E 面)

4.5 小　　结

基于前面的研究内容,可以将本章内容概括如下:

(1)针对经典 ICT CRLH 传输线单元存在寄生谐振的缺点,提出并研究了一种新型 ICT CRLH 传输线单元,新型单元在具有尺寸小、无寄生谐振优点的同时,并没有改变经典单元的设计自由度,可以用于替代经典单元设计性能独特的微波器件。

(2)利用新型 ICT CRLH 传输线结构设计了一个漏波天线,该天线在整个频带范围内没有寄生谐振,与同等长度的经典 ICT CRLH 漏波天线相比,具有更低的工作频点。

(3)提出并研究了一种 SIW 型 UC-CRLH 传输线结构,该结构除了具有 CRLH 传输线结构的电磁特性外,在更低的频带范围内新增了一个右手通带,因此基于 SIW 型 UC-CRLH 传输线结构的微波器件除了具有 CRLH 微波器件的优点外,还具有小型化和多频带优势。

(4)利用 SIW 型 UC-CRLH 传输线结构设计了一个漏波天线,该天线与 CRLH 漏波天线相比,不仅实现了小型化,而且能够在多个频带内工作,同时具备了双极化特性。

第5章　分布式 CRLH 传输线结构在小型化微带电路中的应用

5.1　引　　言

自研究人员 20 世纪 40 年代末、50 年代初提出微带线以来,经过 60 多年的发展,微带线及微带电路无论是从理论的深度上还是从应用的广度上来说,都已达到了一个较高的水平。在微波电路这个领域,微带电路已经作为一个独立的整体建立了自己的课题。随着实践的发展,微带通信系统在注重实用性的同时,呈现出高度小型化、集成化的发展趋势,因此,设计出高性能的小型化微带电路具有十分重要的意义。

针对这一应用背景,并结合 CRLH 传输线结构在小型化微带电路方面的研究现状[43-51, 60-64, 70-74, 104-108],本章首先以理论推导、全波仿真和电路参数提取相结合为手段,对零相移 MR CRLH 传输线结构进行研究,在此基础上设计一个一分四的小型化串联功分器,该功分器不仅解决了已有 CRLH 小型化串联功分器应用频段受限的问题[63],而且与蜿蜒线型一分四串联功分器相比,尺寸缩减了 70%,带宽却展宽了 68.3%;其次提出并研究一种基于 DRC 的单平面 CRLH 结构,在此基础上设计一个小型化分支线耦合器,该分支线耦合器不仅克服了已有小型化分支线耦合器存在后向辐射、介质损耗大、不易加工、不易封装、应用频段受限等问题[45, 73, 128-130, 169-171],而且比传统分支线耦合器的面积缩小了 66%。

5.2　零相移 MR CRLH 传输线结构及其在串联功分器中的应用

与并联功分器相比,小型化串联功分器因存在传输损耗小、效率高、结构简单和尺寸紧凑等优点,而逐渐成为人们关注的重点。目前研究人员主要采取以下两种方式来设计小型化串联功分器:2009 年,Marc A. Antoniades 博士将零相移微带线做成曲线状(蜿蜒线、空间填充曲线、分形曲线等),设计了小型化串联功分器,虽然该功分器减小了传统串联功分器的尺寸,但由于大量弯角的存在增加了电磁波传输的不连续性和辐射损耗,所以其性能恶化了[66];近年来,加拿大多伦多大学研究小组利用集总元件设计了零相移 CRLH 传输线结构,并利用该结构首次设计了 CRLH 小型化串联功分器,虽然该功分器比蜿蜒线形串联功分器具有更小的尺寸和更宽的带宽,但它是由集总元件实现的,只能工作在低频段,大大限制了它的应用[63]。

针对以上背景,本节对零相移 MR CRLH 传输线结构进行了研究,并在此基础上设计了一个一分四的小型化串联功分器,设计的功分器不仅比蜿蜒线型一分四串联功分器具有更小的尺寸和更宽的带宽,而且不受应用频段的限制。

5.2.1 零相移 MR CRLH 传输线结构的频率和带宽特性

由第 2 章内容可知,当图 5-1 所示结构工作在平衡条件时,在过渡频率 f_0 处,该结构的相移 $\phi=0°$。

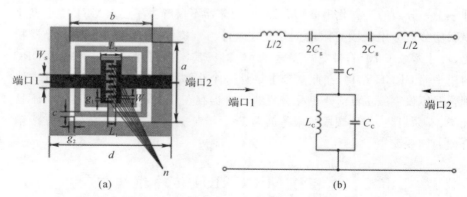

图 5-1 MR CRLH 传输线结构(介电常数为 2.2,厚度为 1.5 mm)
(a)结构示意图; (b)等效电路

因此零相移 MR CRLH 传输线结构的频率为

$$f(\phi=0°)=f(-\beta p=0)=f_0=f_{LH}^H=f_{RH}^L=\frac{1}{2\pi\sqrt{L_C C_C}}=\frac{1}{2\pi\sqrt{LC_g}}$$
(5-1)

除此之外,由于图 5-1 所示结构的电尺寸通常很小(不大于 π/2),所以式(2-43)可以简化为

$$\beta p \approx \pm\sqrt{\frac{C(1-\omega^2 LC_g)(1-\omega^2 L_C C_C)}{C_g[\omega^2 L_C(C_C+C)-1]}}$$
(5-2)

对式(5-2)求 ω 的导数,并将 $\omega=\omega_0=1/\sqrt{LC_g}=1/\sqrt{L_C C_C}$ 代入,可以得到零相移 MR CRLH 传输线结构的 $|\mathrm{d}\phi/\mathrm{d}\omega|(\phi=0°)$ 如下:

$$|\mathrm{d}\phi/\mathrm{d}\omega|(\phi=0°)=|\mathrm{d}(-\beta p)/\mathrm{d}\omega|(\omega=\omega_0)=|-2\sqrt{LC_C}|=2\sqrt{LC_C}$$
(5-3)

由文献[63]可知,相比于幅度响应,传输相位响应才是制约零相移带宽的关键。为了更加直观地说明这一点,图 5-2 给出了 $W_S=2.6$ mm, $W=0.2$ mm, $a=18.4$ mm, $b=20$ mm, $c=0.2$ mm, $d=23.75$ mm, $L_1=1.1$ mm, $L_2=1.7$ mm, $g_1=0.2$ mm, $g_2=0.2$ mm, $n=59$ 时的零相移 MR CRLH 传输线结构的仿真结果。如果定义零相移带宽的标准为 $|S_{11}|\leqslant-10$ dB, $|S_{21}|\geqslant-0.5$ dB, $-5°\leqslant\phi\leqslant5°$。那么由图 5-2 可知,零相移 MR CRLH 传输线结构的带宽基本不受 $|S_{11}|$ 和 $|S_{21}|$ 的限制,仅仅与 $|\mathrm{d}\phi/\mathrm{d}\omega|(\phi=0°)$ 成反比。因此,由式(5-3)可知,零相移 MR CRLH 传输线结构的带宽与电路参数 L 和 C_C 成反比。

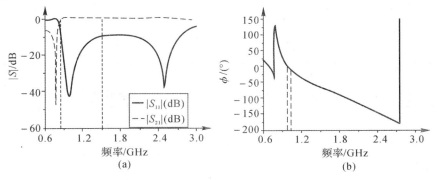

图 5-2 零相移 MR CRLH 传输线结构的仿真结果
(a)幅度响应; (b)传输相位响应

5.2.2 零相移 MR CRLH 传输线结构和零相移微带线

在 5.2.1 节中,本书从理论推导的角度研究了零相移 MR CRLH 传输线结构的频率和带宽特性,给出了电路参数和它们之间的关系,本节将在这一关系的基础上,以全波仿真和电路参数提取相结合为手段,对零相移 MR CRLH 传输线结构和零相移微带线进行研究。

1. d 的变化对零相移 MR CRLH 传输线结构的影响

表 5-1 给出了 d 变化时的零相移 MR CRLH 传输线结构的尺寸。对表 5-1 所示结构进行全波仿真和电路参数提取,提取出的电路参数和这些结构的全波仿真结果分别如表 5-2 和图 5-3 所示,除此之外,图 5-3 还给出了等效电路的幅度响应。

由此可见:

(1) 等效电路的幅度响应和结构的幅度响应吻合较好,证明了参数提取的准确性。

(2) 由于结构的 LC_g 和 $L_C C_C$ 基本不变,使得它们的频率基本不变(1 GHz)。

(3) 结构的 L 随着 d 的减小而减小,使得它们的带宽随着 d 的减小而增加。

表 5-1 d 变化时的零相移 MR CRLH 传输线结构的尺寸

结构	W_S/mm	W/mm	a/mm	b/mm	c/mm	d/mm	L_1/mm	L_2/mm	g_1/mm	g_2/mm	n
结构 1	2.6	0.2	22.2	19.8	0.2	23.75	1.1	1.7	0.2	0.1	80
结构 2	2.6	0.2	27.8	14.8	0.2	18.75	1.1	1.7	0.2	0.1	86
结构 3	2.6	0.2	33.3	9.8	0.2	13.75	1.1	1.7	0.2	0.1	92

表 5-2 零相移 MR CRLH 传输线结构的电路参数提取结果

结构	C_g/pF	C_C/pF	C/pF	L/nH	L_C/nH
结构 1	1.745	6.2	2.38	14.5	4.08
结构 2	1.99	6.18	2.18	12.72	4.1
结构 3	2.21	6.17	1.93	11.44	4.1

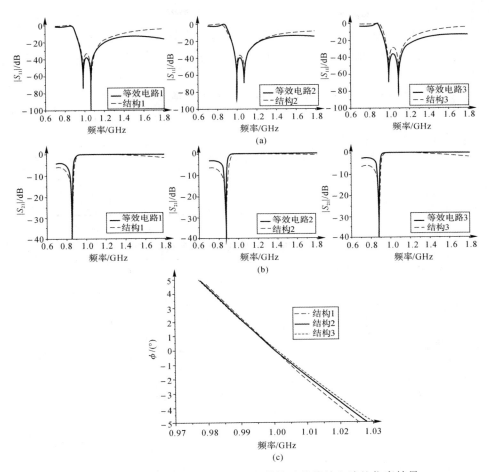

图 5-3 零相移 MR CRLH 传输线结构及其等效电路的仿真结果
(a)结构和等效电路的幅度响应($|S_{11}|$); (b)结构和等效电路的幅度响应($|S_{21}|$);
(c)结构的传输相位响应

2. g_2 的变化对零相移 MR CRLH 传输线结构的影响

表 5-3 给出了 g_2 变化时的零相移 MR CRLH 传输线结构的尺寸。对表 5-3 所示结构进行全波仿真和电路参数提取,提取出的电路参数和这些结构的全波仿真结果分别如表 5-4 和图 5-4 所示,除此之外,图 5-4 还给出了等效电路的幅度响应。

由此可见:

(1)等效电路的幅度响应和结构的幅度响应吻合较好,证明了参数提取的

准确性;

(2)结构的LC_g和L_cC_c基本不变,使得它们的频率基本不变(1 GHz);

(3)结构的C_c随着g_2的增大而减小,使得它们的带宽随着g_2的增大而增加。

表 5-3 g_2变化时的零相移 MR CRLH 传输线结构的尺寸

结构	W_s/mm	W/mm	a/mm	b/mm	c/mm	d/mm	L_1/mm	L_2/mm	g_1/mm	g_2/mm	n
结构3	2.6	0.2	33.3	9.8	0.2	13.75	1.1	1.7	0.2	0.1	92
结构4	2.6	0.2	32	10	0.2	13.75	1.1	1.7	0.2	0.2	89
结构5	2.6	0.2	32	10.4	0.2	13.75	1.1	1.7	0.2	0.4	84

表 5-4 零相移 MR CRLH 传输线结构的电路参数提取结果

结构	C_g/pF	C_c/pF	C/pF	L/nH	L_c/nH
结构3	2.21	6.17	1.93	11.44	4.1
结构4	2.165	5.8	2.06	11.68	4.36
结构5	2.125	5.1	2.02	11.9	4.96

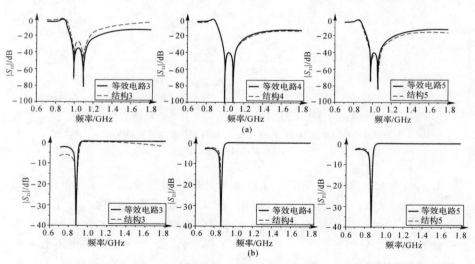

图 5-4 零相移 MR CRLH 传输线结构及其等效电路的仿真结果

(a)结构和等效电路的幅度响应($|S_{11}|$); (b)结构和等效电路的幅度响应($|S_{21}|$)

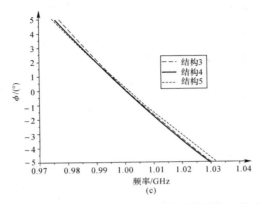

续图 5-4 零相移 MR CRLH 传输线结构及其等效电路的仿真结果
(c)结构的传输相位响应

3. 零相移微带线

频率为 1 GHz 的零相移微带线的结构尺寸如图 5-5 所示，为了更加直观地反映零相移 MR CRLH 传输线结构的优势，图 5-6 对它们的传输相位响应进行了比较。由此可见，与相同频率的零相移微带线相比，零相移 MR CRLH 传输线结构具有更宽的带宽和更小的尺寸。

除此之外，结合本节 1,2 两部分研究内容可知，减小 d 和增大 g_2 可以在保证频率不变的情况下，进一步减小零相移 MR CRLH 传输线结构的尺寸和增加其带宽。

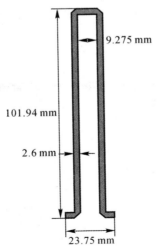

图 5-5 零相移微带线的结构尺寸

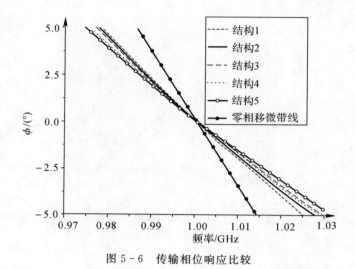

图 5-6 传输相位响应比较

5.2.3 零相移 MR CRLH 传输线在小型化串联功分器中的应用

由 5.2.2 节内容可知,与零相移微带线相比,零相移 MR CRLH 传输线结构具有更宽的带宽和更小的尺寸,基于这一优势,本节利用结构 5 设计了一个一分四的小型化串联功分器,该功分器的工作原理[63]和结构分别如图 5-7 和图 5-8 所示。图 5-8 中的第一级变换线的阻抗为 158 Ω,微带线的长和宽分别为 57.4 mm 和 0.38 mm;第二级变换线的阻抗为 79 Ω,微带线的长和宽分别为 55.8 mm 和 2.16 mm。

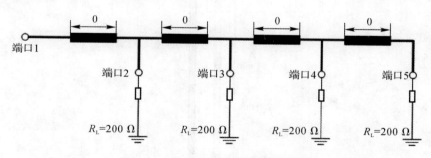

图 5-7 一分四串联功分器原理图

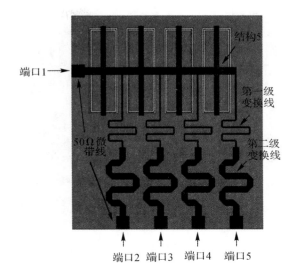

图 5-8 基于结构 5 的一分四小型化串联功分器

图 5-9 和图 5-10 分别给出了图 5-8 所示功分器的实物模型和测试结果。由图 5-10 可知,在 0.979~1.02 GHz 范围内,图 5-8 所示功分器的 $|S_{11}|$ 小于 -10 dB,各功分支路的插入损耗波动小于 (6.53 ± 0.11) dB,各功分支路的相位不平衡度小于 5°。为了更加直观地说明图 5-8 所示功分器的优势,一个基于图 5-5 所示结构的蜿蜒线型一分四串联功分器被设计、加工与测试。其实物模型和测试结果分别示于图 5-9 和图 5-11 中,由图 5-11 可知,该蜿蜒线型功分器的带宽为 0.997~1.01 GHz[$|S_{11}|$ 小于 -10 dB,插入损耗波动小于 (6.55 ± 0.25) dB,相位不平衡度小于 5°]。由此可见,基于零相移 MR CRLH 传输线结构的小型化串联功分器不仅克服了已有 CRLH 小型化串联功分器应用频段受限的问题[63],而且与蜿蜒线型一分四串联功分器相比,尺寸缩减了 70%,带宽却展宽了 68.3%。除此之外,可以通过减小零相移 MR CRLH 传输线结构的长度 d 和增加逆开口谐振单环之间的间距 g_2 来进一步减小该类功分器的尺寸和增加其带宽。

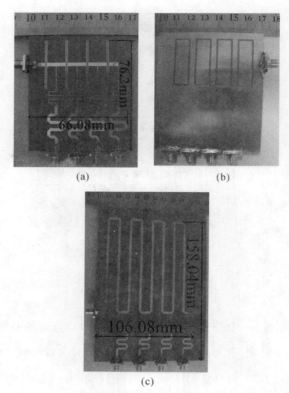

图 5-9 串联功分器实物模型

(a) MR CRLH 功分器正视图； (b) MR CRLH 功分器背视图； (c) 蜿蜒线型功分器

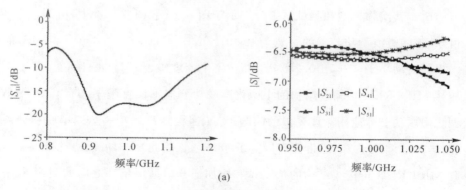

(a)

图 5-10 串联功分器的测试结果

(a) 幅度响应

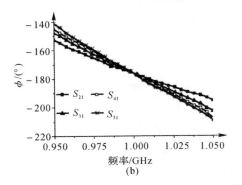
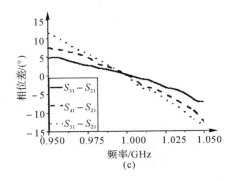

续图 5-10 串联功分器的测试结果
(b)传输相位响应； (c)输出端口相位差

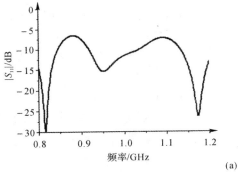
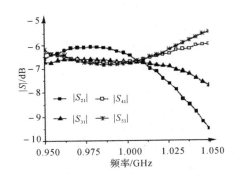
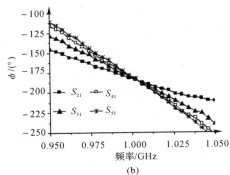
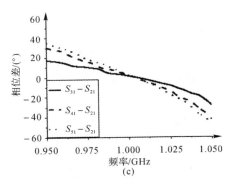

图 5-11 蜿蜒线型一分四串联功分器测试结果
(a)幅度响应； (b)传输相位响应； (c)输出端口的相位差

5.3 基于 DRC 的单平面 CRLH 结构及其在分支线耦合器中的应用

由于输出口具有相等的信号幅度和 90°的相位差,所以分支线耦合器在有源集成电路中起着举足轻重的作用,现在其小型化研究依然是人们关注的重点。目前,研究人员大致提出了以下几种方法来减小分支线耦合器的尺寸:

(1)采用高介电常数介质板[169]。这种方法可以把分支线耦合器的尺寸缩减很多,但由于介质损耗太大,大大降低了其性能。

(2)采用 EBG 结构[170]。在接地板上刻蚀 EBG 结构,利用 EBG 结构的慢波效应,可以使分支线耦合器的面积缩小 20% 左右,但是相对于其他方法来说,该方法尺寸缩减的比例较小。

(3)采用分形曲线[171]。将 -90°移相线(相位滞后)弯曲成分形曲线或空间填充曲线的形状,可以使分支线耦合器的面积获得很大的缩减,然而采用该方法设计的耦合器的中心频率会偏移,并且高阶分形对加工精度的要求很高,不利于推广。

(4)采用 CRLH 结构。用工作在左手通带内的 +90°移相线(相位超前)替代传统分支线耦合器中的 -90°移相线,可以将分支线耦合器的尺寸缩减 60% 左右,目前该方法已经成为设计小型化分支线耦合器的主要方法。然而,查阅相关文献发现,目前报道的 CRLH 小型化分支线耦合器,都是由缺陷地结构或集总元件实现的,因此存在后向辐射、不易封装和应用频段受限等问题[45,73,128-130]。

针对这些缺陷,本节提出并研究了一种基于 DRC 的单平面 CRLH 结构,针对该结构在构造移相线时存在的尺寸优势,设计了一个小型化分支线耦合器,设计的分支线耦合器不仅克服了已有小型化分支线耦合器存在后向辐射、介质损耗大、不易加工、不易封装和应用频段受限等问题[45,73,128-130,169-171],而且比传统分支线耦合器的面积缩小了 66%。

5.3.1 基于 DRC 的单平面 CRLH 结构

1. 新型结构 CRLH 特性的证明

2007 年,为了克服缺陷地结构存在后向辐射和不易封装等问题,西班牙研究小组提出了在微带线内部刻蚀开环谐振器实现负介电常数的思想[172]。

基于这一思想，本节提出了一种如图 5-12 所示的基于 DRC 的单平面 CRLH 结构，该结构印制在介电常数为 2.65、厚度为 1.5 mm 的 P4BM-2 介质板上，刻蚀在微带线内部的 DRC 用于实现负的介电常数，其两侧的交指缝隙用于实现负的磁导率。图 5-13 给出了图 5-12 所示结构的等效电路，在图 5-13 中，C_g 表示交指电容，C_f 则表示交指电容与微带线形成的边缘电容，L 表示微带线的线电感，L_C 和 C_C 所形成的谐振回路由 DRC 产生，C 除了表示微带线的线电容外，还包括 DRC 与微带线之间的耦合电容。

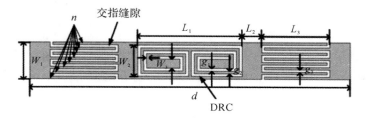

图 5-12 基于 DRC 的 CRLH 结构

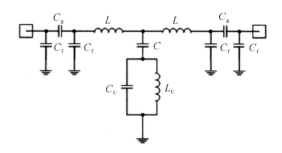

图 5-13 基于 DRC 的 CRLH 结构的等效电路

对 $W_1=4.05$ mm，$W_2=3.45$ mm，$W_3=0.3$ mm，$W_4=1.05$ mm，$d=33.3$ mm，$L_1=10.8$ mm，$L_2=2$ mm，$L_3=6.25$ mm，$g_1=0.3$ mm，$g_2=0.3$ mm，$g_3=0.27$ mm，$n=8$ 时的基于 DRC 的单平面 CRLH 结构进行全波仿真和电路参数提取。提取出的电路参数为 $C_g=1.238$ pF，$C_f=0.647$ pF，$C=1.437$ pF，$C_C=4.117$ pF，$L=2.646$ nH，$L_C=1.249$ nH。图 5-14 给出了这种情况下的基于 DRC 的单平面 CRLH 结构及其等效电路的 S 参数仿真结果。

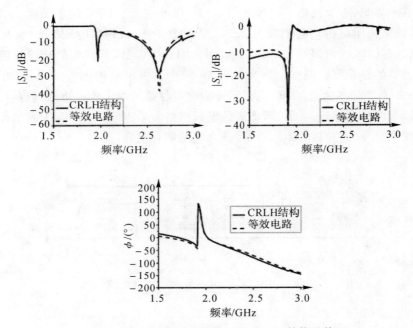

图 5-14 基于 DRC 的单平面 CRLH 结构及其等效电路的 S 参数仿真结果

由图 5-14 可知：

(1) 基于 DRC 的单平面 CRLH 结构的仿真结果和等效电路的仿真结果吻合较好，验证了等效电路的正确性和参数提取的准确性。

(2) 基于 DRC 的单平面 CRLH 结构在 1.91 GHz 时存在传输零点，在 1.92～1.98 GHz 范围内，该结构的相位是超前的，因此该频段为左手通带；在 2.26～2.99 GHz 范围内，该结构的相位是滞后的，因此该频段为右手通带；介于左右手通带之间的部分为该结构的阻带（1.92～2.25 GHz）；由此可见，该结构为一个 CRLH 结构。

2. 结构参数变化对基于 DRC 的单平面 CRLH 结构电磁特性的影响

为了对基于 DRC 的单平面 CRLH 结构有一个全面的认识，并为后续的研究设计提高效率，本节讨论了结构参数变化对其电磁特性的影响。

(1) 尺寸 W_2。固定其他结构参数不变，依次改变 $W_2 = 3.15$ mm，3.45 mm，3.75 mm，得到基于 DRC 的单平面 CRLH 结构的 S 参数随 W_2 变化的曲线，如图 5-15 所示。随着 W_2 的增加，传输零点、左手通带和右手通带

均向低频段移动,通带之间的阻带宽度基本不变。

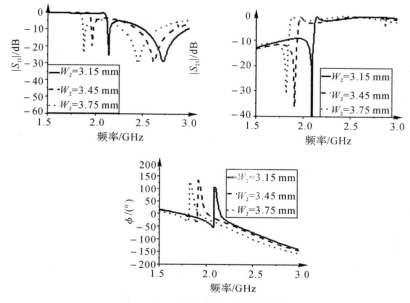

图 5-15　W_2 变化对 S 参数的影响

(2) 尺寸 W_3。固定其他结构参数不变,依次改变 $W_3=0.3$ mm,1.8 mm, 3.3 mm,得到基于 DRC 的单平面 CRLH 结构的 S 参数随 W_3 变化的曲线,如图 5-16 所示。随着 W_3 的增加,传输零点和左手通带向高频段移动,通带之间的阻带宽度变窄,右手通带基本不变。

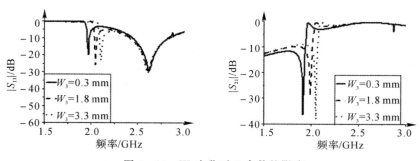

图 5-16　W_3 变化对 S 参数的影响

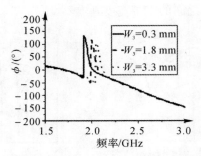

续图 5-16 W_3 变化对 S 参数的影响

(3)尺寸 L_1。固定其他结构参数不变,依次改变 $L_1 = 10.8$ mm, 11.1 mm,11.4 mm,得到基于 DRC 的单平面 CRLH 结构的 S 参数随 L_1 变化的曲线,如图 5-17 所示。随着 L_1 的增加,传输零点、左手通带和右手通带均向低频段移动,通带之间的阻带宽度基本不变。

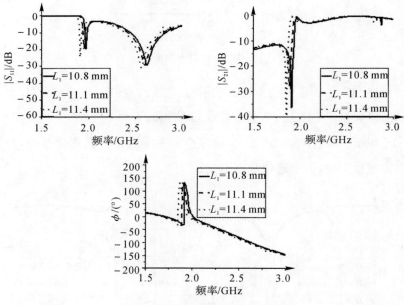

图 5-17 L_1 变化对 S 参数的影响

(4)尺寸 L_2。固定其他结构参数不变,依次改变 $L_2 = 1.7$ mm,2 mm, 2.3 mm,得到基于 DRC 的单平面 CRLH 结构的 S 参数随 L_2 变化的曲线,如

图 5-18 所示。随着 L_2 的增加,传输零点和左手通带基本不变,通带之间的阻带宽度变窄,右手通带向低频段移动。

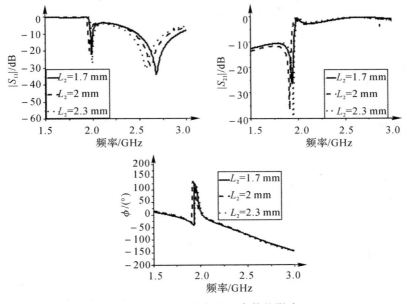

图 5-18　L_2 变化对 S 参数的影响

(5)尺寸 L_3。固定其他结构参数不变,依次改变 $L_3 = 6.25$ mm,6.55 mm,6.85 mm,得到基于 DRC 的单平面 CRLH 结构的 S 参数随 L_3 变化的曲线,如图 5-19 所示。随着 L_3 的增加,传输零点和左手通带基本不变,通带之间的阻带宽度变窄,右手通带向低频段移动。

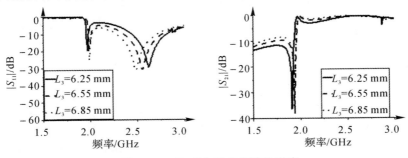

图 5-19　L_3 变化对 S 参数的影响

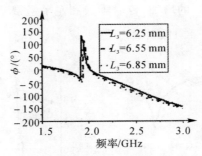

续图 5-19 L_3 变化对 S 参数的影响

(6) 尺寸 g_1。固定其他结构参数不变，依次改变 $g_1=0.15$ mm，0.3 mm，0.45 mm，得到基于 DRC 的单平面 CRLH 结构的 S 参数随 g_1 变化的曲线，如图 5-20 所示。随着 g_1 的增加，传输零点和左手通带向高频段移动，通带之间的阻带宽度变窄，右手通带基本不变。

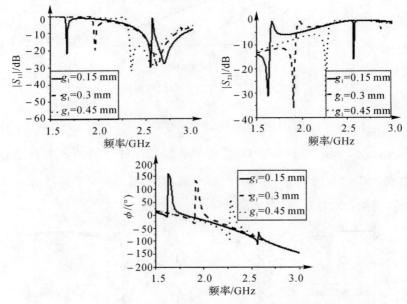

图 5-20 g_1 变化对 S 参数的影响

(7) 尺寸 g_2。固定其他结构参数不变，依次改变 $g_2=0.15$ mm，0.3 mm，0.45 mm，得到基于 DRC 的单平面 CRLH 结构的 S 参数随 g_2 变化的曲线，如

图 5-21 所示。随着 g_2 的增加,传输零点和左手通带向高频段移动,通带之间的阻带宽度变窄,右手通带基本不变。

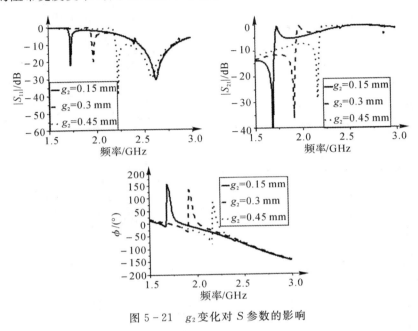

图 5-21 g_2 变化对 S 参数的影响

由以上研究内容可知,本节提出的结构作为一种新型的单平面 CRLH 结构,不须采用金属化过孔和缺陷地,只须在微带线内部刻蚀 DRC 和交指缝隙即可实现,因此克服了后向辐射、不易封装等问题,具有尺寸紧凑、易于加工等优点。除此之外,基于 DRC 的单平面 CRLH 结构存在多个结构参数影响其电磁特性,具有大的设计自由度。因此说,该结构具有重大的应用前景。

5.3.2　基于 DRC 的 CRLH 结构在小型化分支线耦合器中的应用

由前面内容可知,在长度 d 一定的情况下,通过调整参数能够降低基于 DRC 的单平面 CRLH 结构的左手通带。因此,如果用该结构构造+90°移相线的话,在不需要增加长度 d 的情况下,就能够降低该移相线的工作频率。基于这一优势,本节利用基于 DRC 的单平面 CRLH 结构设计了一个工作频率为 1 GHz 的小型化分支线耦合器。表 5-5 和表 5-6 分别给出了由该结构设计的 50 Ω+90°移相线和 35.35 Ω+90°移相线的尺寸。图 5-22 和图 5-23 分别给出了这两个移相线的 S 参数仿真结果,由图 5-22 和图 5-23 可知,设

计的 50 Ω 移相线在 1 GHz 处的 $|S_{11}|$,$|S_{21}|$ 和 ϕ 分别为 −30.72 dB, −0.24 dB 和 +90°,设计的 35.35 Ω 移相线在 1 GHz 处的 $|S_{11}|$,$|S_{21}|$ 和 ϕ 分别为 −28.14 dB,−0.28 dB 和 +89°。由此可知,这两个移相线基本达到了设计目标。

表 5−5　50 Ω+90°移相线的尺寸

W_1/mm	W_2/mm	W_3/mm	W_4/mm	d/mm	L_1/mm	L_2/mm	L_3/mm	g_1/mm	g_2/mm	g_3/mm	n
4.05	3.75	2.15	1.35	33.3	11.1	0.15	7.85	0.15	0.15	0.15	14

表 5−6　35.53 Ω+90°移相线的尺寸

W_1/mm	W_2/mm	W_3/mm	W_4/mm	d/mm	L_1/mm	L_2/mm	L_3/mm	g_1/mm	g_2/mm	g_3/mm	n
6.75	6.45	0.15	1.55	24.2	6.45	0.15	6.25	0.15	0.15	0.15	23

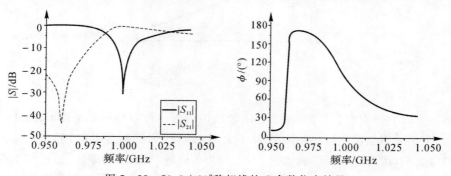

图 5−22　50 Ω+90°移相线的 S 参数仿真结果

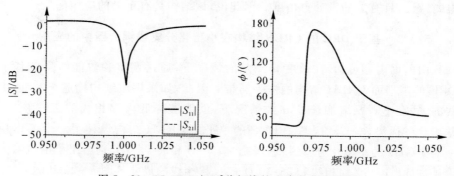

图 5−23　35.35 Ω+90°移相线的 S 参数仿真结果

图 5-24 和图 5-25 分别给出了由这两个移相线构造的小型化分支线耦合器的实物模型和测试结果。由图 5-25 可知，在 0.994～1.007 GHz 范围内，由基于 DRC 的单平面 CRLH 结构设计的小型化分支线耦合器的|S_{11}|小于 -10 dB，隔离度大于 10 dB，2 端口的插入损耗波动小于(3.66±0.31) dB，3 端口的插入损耗波动小于(3.63±0.23) dB，输出端口的幅度不平衡度小于 0.3 dB，输出端口的相位差为 90°±5°。为了更加直观地反映该小型化分支线耦合器的优势，一个工作在 1 GHz 的传统分支线耦合器被设计、加工与测试。其实物模型和测试结果分别示于图 5-24 和图 5-26 中，由此可知，由基于 DRC 的单平面 CRLH 结构设计的小型化分支线耦合器不仅克服了已有小型化分支线耦合器存在后向辐射、介质损耗大、不易加工、不易封装和应用频段受限等问题[45,73,128-130,169-171]，而且比传统分支线耦合器的面积缩小了 66%。除此之外，在长度 d 不变的情况下，可以根据 5.3.1 节中内容调整结构参数降低 +90°移相线的工作频率，从而进一步减小该类分支线耦合器的尺寸。

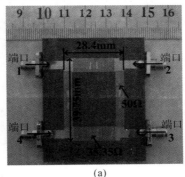

(a)

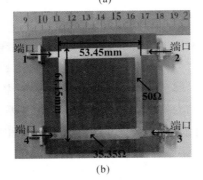

(b)

图 5-24　分支线耦合器的实物模型

(a)基于 DRC 单平面 CRLH 结构的耦合器；(b)传统分支线耦合器

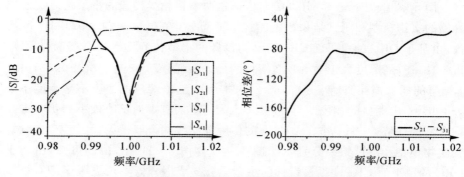

图 5-25 小型化分支线耦合器测试结果

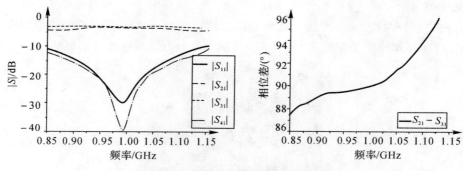

图 5-26 传统分支线耦合器测试结果

5.4 小　　结

基于分布式 CRLH 传输线结构在设计小型化微带电路时存在的优势，本章开展了如下研究：

（1）从理论上对零相移 MR CRLH 传输线结构的频率和带宽特性进行了研究，给出了电路参数和它们之间的关系。在这一关系的基础上，以全波仿真和电路参数提取相结合为手段，研究了相同频率的零相移 MR CRLH 传输线结构和零相移微带线。针对前者的尺寸优势，设计了一个一分四的小型化串联功分器，该功分器不仅解决了已有 CRLH 小型化串联功分器应用频段受限的问题[63]，而且与蜿蜒线型一分四串联功分器相比，尺寸缩减了 70%，带宽却展宽了 68.3%。

（2）提出并研究了一种基于 DRC 的单平面 CRLH 结构，该结构因为不须采用金属化过孔和缺陷地，只须在微带线内部刻蚀 DRC 和交指缝隙即可实现，所以具有尺寸紧凑、易于加工等优点。基于该结构在设计移相线时存在的尺寸优势，设计了一个小型化分支线耦合器，该分支线耦合器不仅克服了已有小型化分支线耦合器存在后向辐射、介质损耗大、不易加工、不易封装和应用频段受限等问题[45,73,128-130,169-171]，而且比传统分支线耦合器的面积缩小了 66%。

（3）提出并研究了一种终端开路 ICT CRLH 负阶谐振器，与传统四分之一波长谐振器和阻抗阶跃谐振器相比[46]，该谐振器的尺寸分别缩减了 71% 和 53%。基于这一优势，设计了一个小型化带通滤波器，该滤波器选择性能优越，尺寸和插入损耗分别为 $0.091\lambda_g \times 0.099\lambda_g$ 和 0.88 dB。

第6章 总结和展望

6.1 总　　结

CRLH 传输线概念的提出,不仅丰富了传统的传输线理论,更重要的是开启了人类自由控制传输线之色散特性的大门。基于这一特点,利用 CRLH 传输线结构可以实现一些右手传输线结构不易实现的微波器件,比如小型化 NOR 天线和 ZOR 天线、全平面的扫频漏波天线、小型化阵列天线馈电网络、小型化微波有源和无源电路、新型电磁隐身系统等等。基于集总元件的 CRLH 传输线结构受集总元件自身谐振的限制,不能应用于高频场合。分布式 CRLH 传输线结构不受工作频段的限制,易于实现、加工和集成。因此,开展分布式 CRLH 传输线结构及其应用研究,对国防武器装备建设和国民经济发展都具有重要的现实意义。

本书以理论推导、电路等效、全波仿真、参数提取和实验测试相结合为手段,研究了分布式 CRLH 传输线结构及其在谐振天线、漏波天线和小型化微带电路中的应用。本书的主要工作及取得的成果如下:

(1)本书推导了由 Ⅱ 型 CRLH 传输线单元构成的负阶谐振器的频率计算公式,给出了终端开路负阶谐振器的谐振频率低于终端短路负阶谐振器的谐振频率这一结论,在此基础上提出并研究了一种 SIW 型分形 CRLH 传输线结构,利用其设计了两类 NOR 天线,设计的天线与传统贴片天线相比,具有类似的增益,但它们的电尺寸却分别只有 $0.18\lambda_0 \times 0.14\lambda_0$ 和 $0.17\lambda_0 \times 0.12\lambda_0$。

(2)针对报道的 ZOR 天线存在频带窄的缺点,推导了终端开路边界条件下的 CRLH 零阶谐振器的频率和带宽计算公式,给出了设计具有较宽带宽的小型化 ZOR 天线的方法,在此基础上提出并研究了一种 CPW 型分形 CRLH 传输线结构,利用其设计了两个 ZOR 天线,设计的天线能够实现全向辐射,电尺寸只有 $0.156\lambda_0 \times 0.111\lambda_0$ 和 $0.109\lambda_0 \times 0.087\lambda_0$,但带宽却分别达到了 2.13% 和 0.83%。

(3) 对 MR CRLH 结构构成的贴片天线的谐振模式进行了研究,分析了寄生模式产生的原因,在此基础上提出了利用+1 阶模式和寄生模式设计圆极化天线的思想,基于该思想设计的天线不需要额外的移相网络,电尺寸只有 $0.389\lambda_g \times 0.389\lambda_g$,而轴比带宽却达到了 2.45%。

(4) 本书分析了经典 ICT CRLH 传输线单元存在寄生谐振的原因,在此基础上提出并研究了一种新型 ICT CRLH 传输线单元,新型单元不仅消除了经典单元的寄生谐振,而且具有更低的左手和右手通带,基于这一优势,设计了一个高性能的全平面扫频漏波天线。

(5) 本书提出并研究了一种 SIW 型 UC-CRLH 传输线结构,提出的结构除了具有 CRLH 传输线结构所具有的左右手特性外,还在更低的频段范围内提供了新的右手通带,基于这一优势,设计了一个双极化 SIW 型 UC-CRLH 漏波天线,设计的漏波天线不仅实现了 CRLH 漏波天线所能实现的全平面连续扫频,而且具有多频带、小型化、抗多路衰落效应和增大信道容量等优势。

(6) 本书推导了 MR CRLH 传输线结构在零相移频率处的相移随频率变化率,在此基础上,以全波仿真和电路参数提取相结合为手段,对相同频率的零相移 MR CRLH 传输线结构和零相移微带线进行了研究,针对前者的优势,设计了一个小型化串联功分器,该功分器不仅解决了已有 CRLH 小型化串联功分器应用频段受限的问题[63],而且与蜿蜒线型小型化串联功分器相比,尺寸缩减了 70%,带宽却展宽了 68.3%。

(7) 本书提出并研究了一种基于 DRC 的单平面 CRLH 结构,该结构不仅克服了后向辐射、不易封装等问题,而且具有尺寸紧凑、易于加工等优点,基于该结构在设计移相线时存在的尺寸优势,设计了一个小型化分支线耦合器,该分支线耦合器不仅克服了已有小型化分支线耦合器存在后向辐射、介质损耗大、不易加工、不易封装和应用频段受限等问题[45,73,128-130,169-171],而且比传统分支线耦合器的面积缩小了 66%。

6.2 展　　望

本书虽然完成了相关课题的研究工作并取得了一定的成果,但由于时间和水平的限制,仍然存在一些问题有待研究:

(1) 由 MR CRLH 结构构成的圆极化天线,虽然尺寸小、带宽宽,但是该类天线存在后向辐射,如何结合其他技术,消除该类天线的后向辐射,是下一步需要研究的内容。

(2)本书主要对分布式 CRLH 传输线结构及其在无源领域的应用进行了研究,如何将研究范围拓宽到有源领域是下一步需要考虑的问题。

参 考 文 献

[1] LINDELL I V, TRETYAKOV S A, NIKOSKINEN K I, et al. BW media – media with negative parameters, capable of supporting backward waves [J]. Microwave Optical Tech Lett, 2001, 31(2): 129－133.

[2] VESELAGO V G. The electrodynamics of substances with simultaneously negative values of ε and μ [J]. Soviet Physics Usp, 1968, 10(4): 509－514.

[3] VESELAGO V G. The electrodynamics of substances with simultaneously negative values of ε and μ (in Russian) [J]. Usp Fiz Nauk, 1967, 92: 517－526.

[4] PENDRY J B, HOLDEN A J, STEWART W J, et al. Extremely low frequency plasmons in metallic mesostructures [J]. Physical Review Letters, 1996, 76(25): 4473－4476.

[5] PENDRY J B, HOLDEN A J, ROBBINS D J, et al. Low frequency plasmons in thin-wire structures [J]. Phys, Condens Matter, 1998, 10: 4785－4809.

[6] PENDRY J B, HOLDEN A J, ROBBINS D J, et al. Magnetism from conductors and enhanced nonlinear phenomena [J]. IEEE Trans Microwave Theory Tech, 1999, 47(11): 2075－2084.

[7] SMITH D R, VIER D C, WILLIE P, et al. Loop-wire medium for investigating plasmons at microwave frequencies [J]. Applied Physics Letters, 1999, 75: 1425－1427.

[8] CALOZ C, TATSUO I. Composite right/left-handed transmission line metamaterials [J]. IEEE Microwave Magazine, 2004, 5(3): 34－50.

[9] ZIOLKOWSKI R W, CHENG C Y. Lumped element models of double negative metamaterial-based transmission lines [J]. Radio Science, 2004, 39(1): 729.

[10] FALCONE F, LOPETEGI T, LASO M A G, et al. Babinet principle applied to the design of metasurfaces and metamaterials [J]. Physical

Review Letters, 2002, 93(19):197401 - 197405.

[11] BAENA J D, BONACHE J, MARTIN F, et al. Equivalent circuit models for split ring resonators and complementary split rings resonators coupled to planar transmission lines [J]. IEEE Trans Microwave Theory Tech, 2005, 53(4):1451 - 1461.

[12] GIL I, BONACHE J, GIL M, et al. Left handed and right handed transmission properties of microstrip lines loaded with complementary split rings resonators [J]. Microwave Optical Tech Lett, 2006, 48(12):2508 - 2511.

[13] LIU L, CALOZ C, CHANG C, et al. Forward coupling phenomenon between artificial left - handed transmission lines [J]. J Appl Phys, 2002, 92(9):5560 - 5565.

[14] CALOZ C, OKABE H, IWAI T, et al. Transmission line approach of left - handed (LH) materials[C]// IEEE AP - S/URSI intertional symposium, 2002:39.

[15] CALOZ C, LIN I H., TATSUO I. Characteristics and potential applications of nonlinear left - handed transmission lines [J]. Microwave Optical Tech Lett, 2004, 40(6):471 - 473.

[16] SANADA A, CALOZ C, ITOH T. Characteristics of the composite right/left - handed transmission lines [J]. IEEE Microwave Wireless Components Lett, 2004, 14(2):68 - 70.

[17] CALOZ C, ITOH T. Electromagnetic metamaterials: Transmission Line Theory and Microwave Application [M]. New York: Wiley, 2005.

[18] ELEFTHERIADES G V, SIDDIQUI O, IYER A K. Transmission line models for negative refractive index media and associated implementations without excess resonators [J]. IEEE Microwave Wireless Components Lett, 2003, 13(2):51 - 53.

[19] ANTHONY G, ELEFTHERIADES G V. Experimental verification of backward - wave radiation from a negative refractive index metamaterial [J]. Journal of Applied Physics, 2002, 92(12):5930 - 5935.

[20] ANTHONY G, ELEFTHERIADES G V. Growing evanescent waves in negative - refractive - index transmission - line media [J]. Journal

of Applied Physics, 2003, 82(12):1815-1817.

[21] IYER A K, ELEFTHERIADES G V. Negative refractive index metamaterials supporting 2-D wave [C]// IEEE MTT-s International microwave Symposium. Philadeiphia pennsylvania: [s. n.], 2003:1067-1070.

[22] ELEFTHERIADES G V, IYER A K, KREMER C P. Planar negative refractive index media using periodically L-C loaded transmission line [J]. IEEE Trans Microwave Theory Tech, 2002, 50(12):2702-2712.

[23] MARTIN F, BONACHE J, FALCONE F, et al. Split ring resonator-based left-handed coplanar waveguide [J]. Appl Phys Lett, 2003, 83(22):4652-4654.

[24] MARTIN F, FALCONE F, BONACHE J, et al. Left handed coplanar waveguide band pass filters based on Bi-Layer split ring resonators [J]. IEEE Microwave Wireless Components Lett, 2004, 14(1):10-12.

[25] FALCONE F, LOPETEGO T, BAENA J D, et al. Effective negative-ε stopband microstrip lines based on complementary split ring resonators [J]. IEEE Microwave Wireless Components Lett, 2004, 14(6):280-282.

[26] CALOZ C, ITOH T. Application of the transmission line theory of left-handed (LH) materials to the realization of a microstrip "LH line" [C]// IEEE Antennas and Propagation Society International Symposium, 2002:412-415.

[27] CALOZ C, ITOH T. Transmission line approach of left-handed (LH) materials and microstrip implementation of an artificial LH transmission line [J]. IEEE Trans Antennas Propagat, 2004, 52(5):1159-1166.

[28] SANADA A, KIMURA M, AWAI I, et al. A planar zeroth order resonator antenna using left-handed transmission line [C]// Amsterdam: European Microwave Conference, 2004.

[29] LEE C J, LEONG K M K H, ITOH T. Composite right/left-handed transmission line based compact resonant antennas for RF module integration [J]. IEEE Trans Antennas Propagat, 2006, 54(8):2283-2291.

[30] LAI A, LEONG M K H K, ITOH T. Infinite wavelength resonant antennas with monopolar radiation pattern based on periodic structures [J]. IEEE Trans Antennas Propagat, 2007, 55(3):868 – 876.

[31] DONG Y D, ITOH T. Miniaturized substrate integrated waveguide slot antennas based on negative order resonance [J]. IEEE Trans Antennas Propagat, 2010, 58(12):3856 – 3864.

[32] DONG Y D, ITOH T. Substrate integrated waveguide negative – order resonances and their applications [J]. IET Microwave Antennas Propag, 2010, 4:1081 – 1091.

[33] LIU L, CALOZ C, ITOH T. Dominant mode leaky – wave antenna with backfire – to – endfire scanning capability [J]. Electronics Letters, 2002, 38(23):1414 – 1416.

[34] LIM S, CALOZ C, ITOH T. Electronically scanned composite right/left handed microstrip leaky – wave antenna [J]. IEEE Microwave Wireless Components Lett, 2004, 14(6):277 – 279.

[35] LIM S, CALOZ C, ITOH T. Metamaterial – based electronically controlled transmission – line structure as a novel leaky – wave antenna with tunable radiation angle and beamwidth [J]. IEEE Trans Microwave Theory Tech, 2005, 53(1):161 – 173.

[36] HASHEMI M R, ITOH T. Novel composite right/left – handed leaky – wave antennas[C]// European conference on antennas and propagation. Ber lin:[s. n.], 2009:606 – 610.

[37] DONG Y D, ITOH T. Composite right/left – handed substrate integrated waveguide and half mode substrate integrated waveguide leaky – wave structures [J]. IEEE Trans Antennas Propagat, 2011, 59(3):767 – 775.

[38] DONG Y D, ITOH T. Substrate integrated composite right – left – handed leaky – wave structure for polarization – flexible antenna application[J]. IEEE Trans Antennas Propagat, 2012, 60(2):760 – 771.

[39] ALLEN C A, LEONG K M K H, ITOH T. Design of a balanced 2D composite right/left – handed transmission line type continuous scanning leaky – wave antenna [J]. IET Microwave Antennas Propag, 2007, 1(3):746 – 750.

[40] LAI A, LEONG M K H, ITOH T. Leaky-wave steering in a two-dimensional metamaterial structure using wave interaction excitation[C]// IEEE MTT-s international microwave symposium. San Francisco:[s. n.],2006:1643-1646.

[41] NGUYEN H V, ABIELMONA S, RENNINGS A, et al. Pencil-beam full-space scanning 2D CRLH leaky-wave antenna array[C]// International symposium on signals, systems and electronics. New York:[s. n.],2007:139-142.

[42] CALOZ C, SANADA A, ITOH T. A novel composite right-/left-handed coupled-line directional coupler with arbitrary coupling level and broad bandwidth [J]. IEEE Trans Microwave Theory Tech, 2004, 52(3):980-992.

[43] HORII Y, CALOZ C, ITOH T. Super-compact multilayered left-handed transmission line and diplexer application [J]. IEEE Trans Microwave Theory Tech, 2005, 53(4):1527-1534.

[44] OKABE H, CALOZ C, ITOH T. A compact enhanced-bandwidth hybrid ring using an artificial lumped-element left-handed transmission-line section [J]. IEEE Trans Microwave Theory Tech, 2004, 52(3):798-804.

[45] CHI P L, ITOH T. Miniaturized dual-band directional couplers using composite right/left-handed transmission structures and their applications in beam pattern diversity systems [J]. IEEE Trans Microwave Theory Tech, 2009, 57(5):1207-1215.

[46] 杨涛. 基于复合左右手传输线结构的小型化微波无源元件研究[D]. 成都:电子科技大学,2011.

[47] YANG T, CHI P L, ITOH T. High isolation and compact diplexer using the hybrid resonators [J]. IEEE Microwave Wireless Components Lett, 2010, 20(10):551-553.

[48] YANG T, TAMURA M, ITOH T. Super compact low-temperature co-fired ceramic bandpass filters using the hybrid resonator [J]. IEEE Trans Microwave Theory Tech, 2010, 58(11):2896-2907.

[49] YANG T, CHI P L, ITOH T. Compact quarter-wave resonator and its applications to miniaturized diplexer and triplexer [J]. IEEE

Trans Microwave Theory Tech,2011,59(2):260-269.
[50] YANG T,CHI P L,ITOH T. Lumped isolation circuits for improvement of matching and isolation in three-port balun bandpass filter[C]// IEEE MTT-s intertional microwave symposium dig. Anaheim:[s. n.],2010: 584-587.
[51] YANG T,TAMURA M,ITOH T. Compact hybrid resonator with series and shunt resonances using in miniaturized filters and balun filters [J]. IEEE Trans Microwave Theory Tech,2010,58(2):390-402.
[52] LIN I,DEVINCENTIS M,CALOZ C,et al. Arbitrary dual-band components using composite right/left-handed transmission lines [J]. IEEE Trans Microwave Theory Tech,2004,52(4):1142-1149.
[53] LIN I H. Dual-band microwave components using composite right/left-handed transmission line [D]. Los Angeles:Doctor's thesis of University of California,2004.
[54] TING A H,TAM S W,KIM Y,et al. A dual-band millimetre-wave CMOS oscillater with left-handed resonator [J]. IEEE Trans Microwave Theory Tech,2010,58(5):1401-1409.
[55] IYER A K,KREMER P C,ELEFTHERIADE G V. Experimental and theoretical verification of focusing in a large,periodically loaded transmission line negative refractive index metamaterial [J]. Optics Expres,2003,11(7):696-708.
[56] ZHU J,ELEFTHERIADE G V. A compact transmission-line metamaterial antenna with extended bandwidth [J]. IEEE Antennas and Wireless Propagation Letters,2009,8:295-298.
[57] QURESHI F,ANTONIADES M A,ELEFTHERIADE G V. A compact and low-profile metamaterial ring antenna with vertical polarization [J]. IEEE Antennas and Wireless Propagation Letters,2005,4:333-336.
[58] ANTONIADES M A,ELEFTHERIADE G V. A folded-monopole model for electrically small NRI-TL metamaterial antennas [J]. IEEE Antennas and Wireless Propagation Letters,2008,7:425-428.
[59] ANTONIADES M A,ELEFTHERIADE G V. A CPS leaky-wave antenna with reduced beam squinting using NRI-TL metamaterials [J]. IEEE Trans Antennas Propagat,2008,56(3):708-721.

[60] ANTONIADES M A, ELEFTHERIADE G V. Compact linear lead/lag metamaterial phase shifters for broadband applications [J]. IEEE Antennas and Wireless Propagation Letters, 2003, 2(7):103-106.

[61] ANTONIADES M A, ELEFTHERIADE G V. A broadband wilkinson balun using microstrip metamaterial lines [J]. IEEE Antennas and Wireless Propagation Letters, 2005, 4:209-212.

[62] RUBAIYAT ISLAM, ELEFTHERIADES G V. Printed high-directivity metamaterial MS/NRI coupled-line coupler for signal monitoring applications [J]. IEEE Microwave Wireless Components Lett, 2006, 16(4):164-166.

[63] ANTONIADES M A, ELEFTHERIADES G V. A broadband series power divider using zero-degree metamaterial phase-shifting lines [J]. IEEE Microwave Wireless Components Lett, 2005, 15(11):808-810.

[64] ANTONIADES M A, ELEFTHERIADE G V. A metamaterial series-fed linear dipole array with reduced beam squinting [C]// IEEE International Symposium on Antennas and Propagation. Albuquerque, 2006:9-14.

[65] ELEFTHERIADE G V, ANTONIADES M A. Antenna applications of negative refractive-index transmission-line (NRI-TL) structures [J]. IET Microwave Antennas Propag, 2007, 1(1):12-22.

[66] ANTONIADES M A. Microwave devices and antennas based on negative-refractive-index transmission-Line metamaterials [D]. Toronto: Electrical and Computer Engineering University of Toronto, 2009.

[67] ELEFTHERIADE G V, BALMAIN K G. Negative-refraction metamaterials: fundamental principles and applications [M]. New York: John Wiley and Sons Inc, 2005.

[68] GIL M, GIL I, BONACHE J, et al. Metamaterial transmission lines with extreme impedance values [J]. Microwave Optical Tech Lett, 2006, 48(12):2449-2505.

[69] GIL I, BONACHE J, GIL M, et al. Accurate circuit analysis of resonant-type left handed transmission lines with inter-resonator coupling [J]. Journal of Applied Physics, 2006, 100:074908.

[70] BONACHE J, GIL I, JOAN G, et al. Novel microstrip bandpass filters based on complementary split rings resonators [J]. IEEE

Trans Microwave Theory Tech, 2006, 54(1):265-271.

[71] GIL M, BONACHE J, JOAN G, et al. Composite right/left - handed metamaterial transmission lines based on complementary split - rings resonators and their applications to very wideband and compact filter design [J]. IEEE Trans Microwave Theory Tech, 2007, 55 (6): 1296-1304.

[72] BONACHE J, SISO G, GIL M, et al. Dispersion engineering in resonant type metamaterial transmission lines and applications[J]. Metamaterials and Plasmonics: Fundamentals, Modelling, Applications, 2009,38(7):269-279.

[73] BONACHE J, SISO G, GIL M, et al. Application of composite right/left handed (CRLH) transmission lines based on complementary split ring resonators (CSRRs) to the design of dual - band microwave components [J]. IEEE Microwave Wireless Components Lett, 2008, 18(8):524-526.

[74] SISO G, GIL M, ARANDA M, et al. Miniaturization of planar microwave devices by means of complementary spiral resonators (CSRs):design of quadrature phase shifters [J]. Radio Engineering, 2009, 18(2):144-148.

[75] GIL M, BONACHE J, SELGA J, et al. Broadband resonant - type metamaterial transmission lines [J]. IEEE Microwave Wireless Components Lett, 2007, 17(2):97-99.

[76] MARQUES R, MARTIN F, SOROLIA M. Metamaterials with negative parameters theory, design and microwave applications [M]. New York:Wiley&Sons Inc Publication, 2007.

[77] BARBA M G. Resonant - type metamaterial transmission lines and their application to microwave device design [D]. Bellaterra: Universitat Autònoma de Barcelona, 2009.

[78] SAFWAT A M E. Microstrip coupled line composite right/left - handed unit cell [J]. IEEE Microwave Wireless Components Lett, 2009, 19(7):434-436.

[79] FOUDA A E, SAFWAT A M E, HENNAWY H EL. On the applications of the coupled - line composite right/left - handed unit cell

[J]. IEEE Trans Microwave Theory Tech, 2010, 58(6):1584-1591.

[80] LI Y, XU S. A novel microstrip antenna array fed with CRLH-TL structure[C]// IEEE APS. Turin:[s. n.], 2006:4153-4156.

[81] ZHANG Z, XU S. A novel feeding network with CRLH-TL for 2-Dimension millimeter wave patch arrays [C]// APMC 2005 Proceedings, 2005.

[82] ZHANG Z, XU S. A novel parallel-series feeding network of microstrip patch arrays with composite right/left handed transmission line for millimeter wave application [J]. Int J Infrared Millim Waves, 2005, 26(9):1329-1341.

[83] 李燕. 左手传输线在新型天线设计中的应用[D]. 合肥:中国科学技术大学,2007.

[84] 张忠祥. 左手微带导波结构及其应用研究[D]. 合肥:中国科学技术大学,2007.

[85] 李雁,徐善驾,张忠祥. 新型左手传输线馈电微带阵列天线[J]. 红外与毫米波学报,2007,26(2):137-140.

[86] 李园春. 复合左右手串联馈电网络及天线阵列的设计[D]. 合肥:中国科学技术大学,2009.

[87] LI Y, ZHU Q, YAN Y, et al. Design of a 1×20 series feed network with composite right/left-handed transmission line [J]. Progress in Electromagnetics Research, 2009, 89:311-324.

[88] LIU R, JI C, MOCK J J, et al. Broadbandground-plane clock [J]. Science, 2009, 323(366):366-369.

[89] LIN X Q, MA H F, BAO D, et al. Design and analysis of super-wide bandpass filters using a novel compact meta-structure [J]. IEEE Trans Microwave Theory Tech, 2007, 55(4):747-753.

[90] ZHOU H, CUI T J, LIN X Q, et al. The study of composite right/left handed structure in substrate integrated waveguide [C]// International symposium on biophtonics, nanophotonics and metamaterials. New York:[s. n.], 2006:547-549.

[91] ZHOU H, PEI Z, QU S, et al. A novel high-directivity microstrip patch antenna based on zero-index metamaterial [J]. IEEE Antennas Wireless Propag Lett, 2009, 8:538-541.

[92] LIEBIG T, RENNINGS A, OTTO S, et al. Comparison between CRLH zeroth – order antenna and series – fed microstrip patch array antenna[C]// European conference on antennas and propagation. Berlin:[s. n.], 2009:529 – 532.

[93] LEE J G, LEE J H. Low – profile omnidirectional zeroth – order resonator (ZOR) antenna[C]// IEEE antennas and propagation society international symposium. Albuquerque:[s. n.], 2006:2029 – 2032.

[94] LEE J G, LEE J H. Zeroth order resonance loop antenna [J]. IEEE Trans Antennas Propagat, 2007, 55(3):3710 – 3712.

[95] PYO S, HAN S M, BAIK J W, et al. A slot – loaded composite right/left – handed transmission line for a zeroth – order resonant antenna with improved efficiency [J]. IEEE Trans Microwave Theory Tech, 2009, 57(11):2775 – 2782.

[96] JANG T, CHOI J, LIM S. Compact coplanar waveguide (CPW)– fed zeroth – order resonant antennas with extended bandwidth and high efficiency on vialess single layer [J]. IEEE Trans Antennas Propagat, 2011, 59 (2):363 – 372.

[97] NIU J X. Dual – band dual – mode patch antenna based on resonant – type metamaterial transmission line [J]. Electronic letters, 2010, 46 (4):266 – 267.

[98] JAEGEUN H A, KOON K, LEE Y, et al. Hybrid mode wideband patch antenna loaded with a planar metamaterial unit cell [J]. IEEE Trans. Antennas Propagat, 2012, 60(2):1143 – 1147.

[99] PIAZZA D, CAPACCHIONE M, AMICO M D. CRLH leaky wave antenna with tunable polarization [C]// European conference on antennas and propagation. Barcelona:[s. n.], 2010:1 – 5.

[100] PAULOTTO S, BACCARELLI P, FABRIZIO, et al. Full – wave modal dispersion analysis and broadside optimization for a class of microstrip CRLH leaky – wave antennas [J]. IEEE Trans Microwave Theory Tech, 2005, 56(12):2826 – 2837.

[101] ANGHEL A, CACOVEAUN R. Improved composite right/left – handed cell for leaky – wave antenna [J]. Progress in Electromagnetics Research Letters, 2011, 22:59 – 69.

[102] ABDELAZIZ A F, ABUELFADL T M, ELSAYED O L. Leaky wave antenna realization by composite right/left-handed transmission line [J]. Progress in Electromagnetics Research Letters, 2009, 11:39-46.

[103] LIU C Y, CHU Q X, HUANG J Q. Double-side radiating leaky-wave antenna based on composite right/left-handed coplanar-waveguide [J]. Progress in Electromagnetics Research Letters, 2010, 14:11-19.

[104] LIU C, LIU K Y, LI F. Composite right/left-handed coplanar waveguide band-pass filter using capacitively-coupled zeroth-order resonators [J]. Applied Physics A: Materials Science & Processing, 2007, 87(2):317-319.

[105] LEE J, KIM D, PARK B, et al. High order bandpass filter using the first negative resonant mode of composite right/left-handed transmission line [C]// IEEE antennas propagation society international symposium. Charleston:[s. n.], 2008:1-4.

[106] AN J, WANG G M, ZHANG C X, et al. Diplexer using composite right/left-handed transmission line [J]. Electronic letters, 2008, 44(11):685-687.

[107] LIU C, MENZEL W. A microstrip diplexer from metamaterial transmission lines [C]//IEEE MTT-s intertional microwave symposium,2009:65-68.

[108] 许河秀,王光明,梁建刚,等.一种基于分形结构的复合左右手传输线及其在小型化功分器中的应用[J]. 物理学报,2012,61(7):074101-1-074101-7.

[109] CARRIER J P, SKRIVERVIK A K. Composite right/left-handed transmission line metamaterial phase shifters (MPS) in MMIC technology [J]. IEEE Trans Microwave Theory Tech, 2006, 54(4):1582-1589.

[110] CALOZ C. Dual composite right/left-handed (D-CRLH) transmission line metamaterial [J]. IEEE Microwave Wireless Components Lett, 2006, 16(11):585-587.

[111] CALOZ C, NGUYEN H V. Novel broadband conventional and dual-composite right/left-handed (C/D-CRLH) metamaterials:properties,

implementation and double – band coupler application [J]. Appl Phys A, 2007, 87:309 – 316.

[112] CALOZ C, ABIELMONA S, NGUYEN H V, et al. Dual composite right/left – handed (D – CRLH) leaky – wave antenna with low beam squinting and tunable group velocity [J]. Physica Status Solidi (b), 2007, 244(4):1219 – 1226.

[113] RENNINGS A, LIEBIG T, CALOZ C, et al. Double – lorentz transmission line metamaterial and its application to tri – band devices [C] // IEEE/MTT – S Microwave Symposium. Honolulu: [s. n.], 2007:1427 – 1430.

[114] TONG W, HU Z, ZHANG H, et al. Study and realisation of dual – composite right/left – handed coplanar waveguide metamaterial in MMIC technology [J]. IET Microwave Antennas Propag, 2008, 2 (7):731 – 736.

[115] RYU Y H, PARK J H, LEE J H, et al. DGS dual composite right/left handed transmission line [J]. IEEE Microwave Wireless Components Lett, 2008, 18(7):434 – 436.

[116] RYU Y H, PARK J H, LEE J H, et al. Multiband antenna using +1, – 1 and 0 resonant mode of DGS dual composite right/left handed transmission line [J]. Microwave Optical Tech Lett, 2009, 51(10):2485 – 2488.

[117] LIU C Y, CHU Q X, HUANG J Q. A planar D – CRLH and its application to bandstop filter and leaky – wave antenna [J]. Progress In Electromagnetics Research Letters, 2010, 19:93 – 102.

[118] LIN X Q, LIU R P, YANG X M, et al. Arbitrarily dual – band components using simplified structures of conventional CRLH TLs [J]. IEEE Trans Microwave Theory Tech, 2006, 54(7):2902 – 2909.

[119] HAN W J, FENG Y J. Ultra – wideband bandpass filter using simplified left – handed transmission line structures [J]. Microwave Optical Tech Lett, 2008, 50(11):2758 – 2562.

[120] HAN W J, ZHAO J M, FENG Y J. Omni – directional microstrip ring antenna based on a simplified left – handed transmission line structure [C]//International Symposium on Biophotonics,

Nanophotonics and Metamaterials,2006:467-470.

[121] WEI F,GAO C J,LIU B,et al. UWB bandpass filter with two notch - bands based on SCRLH resonator [J]. Electronics Letters, 2010, 46(16).

[122] WEI F,WU Q Y,SHI X W,et al. Compact UWB bandpass filter with dual notched bands based on SCRLH resonator [J]. IEEE Microwave Wireless Components Lett,2011,21(1):28-30.

[123] RENNINGS A, OTTO S, MOSIG J, et al. Extended composite right/left - handed (E - CRLH) metamaterial and its application as quadband quarter - wavelength transmission line [C]//Proceedings of Asia - Pacific Microwave Conference,2006.

[124] GEORGE V E. A generalized negative - refractive - index transmission - line (NRI - TL) metamaterial for dual - band and quad - band applications [J]. IEEE Microwave Wireless Components Lett, 2007, 17(6):415-417.

[125] MIGUEL D S, GERARD S, BONACHE J, et al. Planar multi - band microwave components based on the generalized composite Right/left handed transmission line concept [J]. IEEE Trans Microwave Theory Tech,2010,58(12):3882-3891.

[126] CHENG J, AROKIASWAMI A, MAKOTO T. Double periodic composite right/left - handed transmission line and its applications to compact leaky - wave [J]. IEEE Trans Antennas Propagat, 2011,59(10):3679-3686.

[127] XU H X, WANG G M, GONG J Q. Compact dual - band zeroth - order resonance antenna [J]. Chinese Physics Letters, 2012, 29(1):014101-1-014101-4.

[128] 牛家晓.谐振式左手传输线及其应用研究[D].上海:上海交通大学,2007.

[129] 曾会勇.复合左右手传输线的设计及应用研究[D].西安:空军工程大学,2010.

[130] SELGA J, SISO G, GIL M, et al. Microwave circuit miniaturization with complementary spiral resonators:application to high - pass filters and dual - band components [J]. Microwave Optical Tech Lett, 2009,

51(11):2741-2745.
- [131] 廖承恩. 微波技术基础[M]. 西安:西安电子科技大学出版社,1995.
- [132] LIM S, PARK W Y, KWAK S I. Two-dimensional interdigital capacitive small antenna resonating at enhanced left-handed modes [J]. IET Microwave Antennas Propag, 2010, 4(10):1475-1480.
- [133] 周成. 分形几何与左手材料在双频天线中的应用研究[D]. 西安:空军工程大学,2011.
- [134] ISHIZAKI T, TAMURA M, ALLEN C A, et al. Left-handed band pass filter realized by coupled negative order resonators[C]// IEEE MTT-s international microwave Symposium. Atlanta:[s.n.], 2008.
- [135] 张玉林. 基片集成波导传播特性及滤波器的理论与实验研究[D]. 南京:东南大学,2005.
- [136] 颜力. 基片集成波导传输特性及阵列天线的理论与实验研究[D]. 南京:东南大学,2005.
- [137] 李皓. 基片集成波导不连续性问题的研究[D]. 南京:东南大学,2005.
- [138] 郝张成. 基片集成波导技术的研究[D]. 南京:东南大学,2005.
- [139] 孙兴华. 基片集成波导缝隙阵天线的设计[D]. 南京:东南大学,2005.
- [140] 申凯. 基片集成波导广义切比雪夫滤波器的研究[D]. 西安:空军工程大学,2009.
- [141] 陈文灵. 分形几何在微波工程中的应用研究[D]. 西安:空军工程大学,2009.
- [142] KIM J H, KIM I K, YOOK J G, et al. A slow-wave structure with Koch fractal slot loops [J]. Microwave Optical Tech Lett, 2002, 34(2):87-88.
- [143] HERSCOVICI N, OSORIO M F, PEIXEIRO C. Miniaturization of rectangular microstrip patches using genetic algorithms [J]. IEEE Antennas Wireless Propag Lett, 2002, 1:94-97.
- [144] DESCLOS L. Size reduction of planar patch antenna by means of slots insertion [J]. Microwave Optical Tech Lett, 2000, 25(2):111-113.
- [145] KIM I K, YOOK J G, PARK H K. Fractal-shape small size microstrip antenna [J]. Microwave Optical Tech Lett, 2002, 34(1):15-17.

[146] TSACHTSIRIS G, SORAS C, KARABOIKIS M, et al. A reduced size fractal rectangular curve patch antenna [A]. IEEE, 0-7803-7779-6, 2003.

[147] DESCOLS L, MAHE Y, REED S, et al. Patch antenna size reduction by combining inductive loading and short-points technique [J]. Microwave Optical Tech Lett, 2001, 30(6):385-386.

[148] DEY S, MITTRA R. Compact microstrip patch antenna [J]. Microwave Optical Tech Lett, 1996, 13(9):12-14.

[149] CHEN W L, WANG G M, ZHANG C X. Small-size microstrip patch antennas combing Koch and Sierpinski fractal-shapes [J]. IEEE Antennas Wireless Propag Lett, 2008, 7:738-741.

[150] 李瀚荪. 电路分析基础[M]. 北京:高等教育出版社,2002.

[151] 安建. 复合左右手传输线理论与应用研究[D]. 西安:空军工程大学,2009.

[152] WONG K L. Compact and broadband microstrip antennas [M]. New York:Wiley-IEEE Press, 2002.

[153] NASIMUDDIN, CHEN Z N, QING X. A compact circularly polarized cross-shaped slotted microstrtp antenna [J]. IEEE Trans Antennas Propagat, 2012, 60(3):1584-1588.

[154] NASIMUDDIN, QING X, CHEN N C. Compact asymmetric-slit microstrip antennas for circular polarization [J]. IEEE Trans Antennas Propagat, 2011, 59(1):285-288.

[155] WONG K L, HSU W H, WU C K. Single-feed circularly polarized microstrip antenna with a slot [J]. Microwave Optical Tech Lett, 1998, 18(4):306-308.

[156] CHEN W S, WU C K, WONG K L. Novel compact circularly polarized square microstrip antenna [J]. IEEE Trans Antennas Propagat, 2001, 49(3):340-342.

[157] CHEN W S, WU C K, WONG K L. Single-feed square-ring microstrip antenna with truncated corners for compact circular polarization operation [J]. Electronics letters, 1998, 34(11):1045-1047.

[158] CHEN W S, WU C K, WONG K L. Compact circularly polarized

[158] microstrip antenna with bent slots [J]. Electronics Letters, 1998, 34(13):1278-1279.

[159] CHEN W S, WONG K L, WU C K. Inset microstripline - fed circularly polarized microstrip antennas [J]. IEEE Trans Antennas Propagat, 2000, 48(8):1253-1254.

[160] JUAN E P, ENRIQUE M S, FRANCISCO P C M, et al. Exact analysis of the wire - bonded multiconductor transmission [J]. IEEE Trans Microwave Theory Tech, 2007, 55(8):1585-1592.

[161] FRANCISO P C M, ENRIQUE M S, PABLO O, et al. Composite right/left - handed transmission line with wire bonded interdigital capacitor [J]. IEEE Microwave Wireless Components Lett, 2006, 16(11):624-626.

[162] FRANCISO P C M, PABLO O, MARQUEZ - SEGURA E, et al. Wire bonded interdigital capacitor [J]. IEEE Microwave Wireless Components Lett, 2005, 15(10):700-702.

[163] 周朝栋,王元坤,杨恩耀.天线与电波[M].西安:西安电子科技大学出版社,2001.

[164] 毛钧杰.微波技术与天线[M].北京:科学技术出版社,2006.

[165] WONG K L, TUNG H C, CHIOU T W. Broadband dual - polarized aperture - coupled patch antennas with modified H - shaped coupling slots [J]. IEEE Trans Antennas Propagat, 2002, 50(2):188-191.

[166] GUO Y X, KHOO K W, ONG L C. Wideband dual - polarized patch antenna with broadband baluns [J]. IEEE Trans Antennas Propagat, 2007, 55(1):78-83.

[167] RYU K S, KISHK A A. Wideband dual - polarized microstrip patch excited by hook shaped probes [J]. IEEE Trans Antennas Propagat, 2008, 56(12):3645-3649.

[168] MARHIEU C, MICHEL C, ALA S, et al. A compact wide - band rat - rce hybrid using microstrip lines [J]. IEEE Microwave Wireless Components Lett, 2009, 19(4):191-193.

[169] NG C Y, AFTANASAR M S, et al. Miniature X - band branch - line coupler using photoimageable thick - film materials [J]. Electronics Letters, 2001, 37(19):1167-1168.

[170] SUNG Y J, AHN C S, KIM Y S. Size reduction and harmonic suppression of rat - race hybrid coupler using defected ground structure [J]. IEEE Microwave Wireless Components Lett, 2004, 14(1):7-9.

[171] AWIDA M H, SAFWAT A M E, HENNAWY H E. Compact rat - race hybrid coupler using meander spacefilling cures [J]. Microwave Optical Tech Lett, 2006, 48(3):606-609.

[172] GIL M, BONACHE J, GARCIA J, et al. New left handed microstrip lines with complementary split rings resonators (CSRRs) etched in the signal strip [A]. 2007 IEEE MTT - s Int. Microwave Symp. Digest. Hawaii:Honolulu, 2007:1419-1422.